“中国小学生爱读本百部经典”活动
好在让小学生推荐，让小学生阅读，让小学生
成为书的主人。

卢勤

编委会

学习型中国·读书工程

小学生爱读本
XIAO XUE SHENG AI DU BEN

优秀小学生
逆商大提升

学习型中国·读书工程教研中心 主编

江苏凤凰科学技术出版社
·南京·

主编的话

亲爱的同学们：

阅读，可以开阔视野，获取新知；阅读，可以跨越时空，纵横古今中外；阅读，还可以和圣贤对话，与经典同行。

杜甫说：“读书破万卷，下笔如有神。”的确，取得作文高分的同学都有相同的诀窍——喜欢课外阅读。因为可以从阅读中学到一些好词佳句，掌握写作技巧，积累更多的写作素材。

为此，我们精心策划了这套“小学生爱读本”丛书，让小学生们评选出自己最喜欢看的“小学生爱读本百部经典”。根据评选结果，我们邀请全国100位优秀小学校长和老师联合编审，本着“强大阵容打造经典精品”的宗旨，精心编纂了这套有利于小学生身心健康成长的大型丛书——中国小学生爱读本百部经典。

这套“小学生爱读本”囊括了中国小学生学习、成长、生活的各个方面，堪称国内较权威、完整的小学生家庭阅读书架。

约翰生说：“一个家庭没有书籍，等于一间屋子没有窗子。”亲爱的同学们，我们殷切地希望你们能多读书、勤读书、读好书，在读书中品味，在品味中思考，在思考中成长。我们也由衷地相信通过阅读这套“小学生爱读本”，你们必定能够吸收到书籍中珍贵的阳光雨露，为日后成长为对人类有贡献的栋梁之才打下坚实的基础。

学习型中国·读书工程教研中心

如何阅读本书

大家都知道每个人身上都有所谓的“潜能”，但是，我们对于自身都有什么样的潜能，往往不是很清楚，事实上，一个人的潜能常常超出很多人的想象。

在一般情况下，人的能力都只发挥了很小很小的一部分，而在受到激励的条件下才能几乎全部发挥出来。

美国有一个叫威廉的心理学家发现：一个普通人只用了其能力的10%，还有90%的潜能可以挖掘。请注意，这里所说的只是普通人，还不是“天才”！

大多数人还没有意识到，自己的能量简直就是一个处于潜伏期的活火山。

可惜的是，很多人尚未看到自己的潜能，就已经结束了一生。

亲爱的小朋友，你有没有意识到你自身的能力要比你自己感觉的大得多呢？

马克·吐温曾说过：“人的思想是了不起的，只要专注于某一项事业，那就一定会做出令自己惊讶的成绩来！”

那么从现在开始，请承认自己是那样的了不起，并且赶紧来开发自己的潜能吧！

50

每小节后都设有贴心的训练题目。

内容十分独特而有针对性，难易结合，生动有趣。

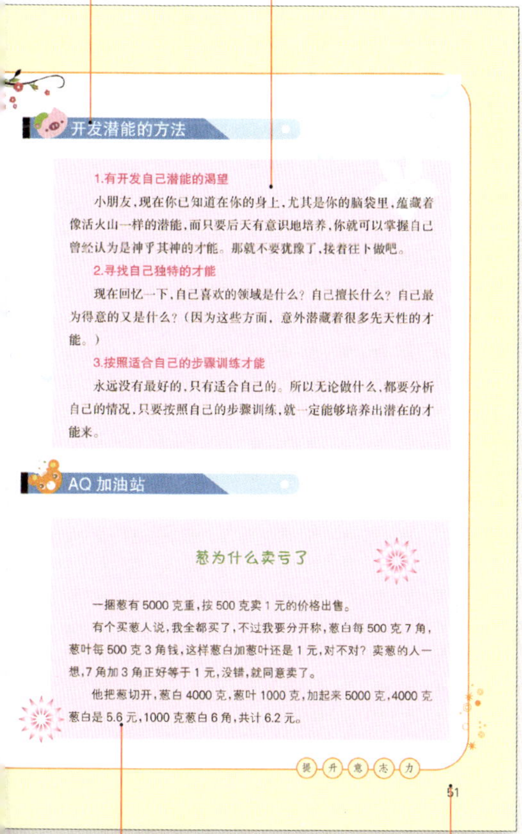

开发潜能的方法

1.有开发自己潜能的渴望

小朋友，现在你已知道在你的身上，尤其是你的脑袋里，蕴藏着像活火山一样的潜能，而只要后天有意识地培养，你就可以掌握自己曾经认为是神乎其神的才能。那就不要犹豫了，接着往下做吧。

2.寻找自己独特的才能

现在回忆一下，自己喜欢的领域是什么？自己擅长什么？自己最为得意的又是什么？（因为这些方面，意外潜藏着很多先天性的才能。）

3.按照适合自己的步骤训练才能

永远没有最好的，只有适合自己的。所以无论做什么，都要分析自己的情况，只要按照自己的步骤训练，就一定能够培养出潜在的才能来。

AQ 加油站

葱为什么卖亏了

一捆葱有 5000 克重，按 500 克卖 1 元的价格出售。

有个买葱人说，我全都买了，不过我要分开称，葱白每 500 克 7 角，葱叶每 500 克 3 角钱，这样葱白加葱叶还是 1 元，对不对？卖葱的人一想，7 角加 3 角正好等于 1 元，没错，就同意卖了。

他把葱切开，葱白 4000 克，葱叶 1000 克，加起来 5000 克，4000 克葱白是 5.6 元，1000 克葱白 6 角，共计 6.2 元。

提升意志力

51

专为小学生读者设计，包括游戏、测试、故事，贴近生活，丰富视野。

页码便于搜索。

本书特色

1
观念先进，提倡小学生多元智能及早开发，旨在把小学生培养成全面发展的多向型人才。

2
按照权威专家观点及心理学理论设计结构，循序渐进，方法非常科学。

3
语言浅显易懂，又摆脱了传统的说教，更适合小学生读者。

4
栏目灵活，不仅是单调的方法介绍，还加入训练题、故事、测试、游戏、幽默等元素，内容更丰富。

名家荐言寄语

“中国小学生爱读本百部经典”活动好在让小学生推荐，让小学生阅读，让小学生成为书的主人。

——著名教育专家、知心姐姐 卢勤

让孩子们从第一本开始，读到一百，那人生就可以读到一千、一万。

——北京大学教授、文学评论家 张颐武

希望“中国小学生爱读本百部经典”可以让父母、老师、同学共享读书的美好时光，分享读书的浓浓乐趣。

——中国台湾教育学专家、美国UCLA博士 王宝玲

“中国小学生爱读本百部经典”包含了让中国小学生“相伴一生，终身受益”的经典图书。

——香港东方教育研究院院长 陈仲铭

目 录

第 4 章 提升耐挫力 /93

第 5 章 提升处理力 /119

第1章
提升认识力

1 培养自己的独立精神

俄国著名作家屠格涅夫曾经说过："你想成为幸福的人吗?但愿你首先学会吃得起苦。"

小朋友,你能明白这其中的道理吗? 想必很多小朋友还都不曾经历过风吹雨打,成长的环境如同温室,父母把我们的一切安排得妥妥当当,而我们也已经习惯了有人照顾、有人爱护的日子。这样娇惯的结果是,当我们长大后,对挫折一点儿免疫力都没有,这样的人很难成就大事,也很难获得快乐。

我们一同来看看国外小朋友是怎样成长的:

美国:在美国南部的一些州立学校特别规定:"学生不带一分钱,必须独立谋生一星期才能予以毕业。"通过这种吃苦训练来培养学生的独立生存能力。条件看似苛刻,但学生们却受益匪浅。

德国:德国的相关法律规定,孩子到 14 岁就要在家里承担一些家务劳动,比如打扫卫生等,这样做不仅可以培养孩子的劳动意识,还培养了孩子的吃苦精神和社会责任感。

瑞士:一些瑞士的孩子在中学毕业后,就去有教养的人家当一年的佣人,上午帮工,下午上学。这样做一方面可以锻炼劳动能力、吃苦精神,另一方面还有利于学习语言。因为在瑞士有两个语言区——德语区和法语区,所以一个语言区的孩子通常会到另一个语言区的人家当佣人。

日本：在日本，一些孩子从小就树立了一种意识："除了阳光和空气是大自然的赐予外，其他的一切都要通过劳动获得。"因此，在日本很多中小学生在课余时间都出去劳动赚钱，勤工俭学的大学生更是非常普遍——他们通过在饭店做服务员、在商店做售货员或做家教等工作来赚取学费。

当你看到别的国家的小朋友是这样长大的，你有没有感觉到在同样的年龄段里，他们比我们做了更多的事呢？以上都是发达国家小朋友的成长经历，我们作为发展中国家的未来，是一定要迎头赶上的。

AQ 加油站

池塘里共有几桶水

一位大名鼎鼎的老学者居住的小屋旁边有一个池塘，因此想到一个奇怪的问题：这池塘里共有几桶水？这个问题问得稀奇古怪。几桶水？就像问一座山有多重一样，谁回答得准确？老学者的弟子都是出了名的年轻学者，但没有一个能答上来。老学者很不高兴，便说："你们回去考虑三天。"

三天过去了，弟子中仍无人能解答得出这个问题。老学者觉得很扫兴，干脆写了一张布告，声明谁能回答这个问题，就收谁为弟子——免得有人说他的弟子都是一帮庸才。

布告贴出后，一个女孩子大大咧咧地走进老学者的授课大厅，说她知道这水池有几桶水。弟子们一听，觉得好笑，小孩子懂什么。老学者将那问题讲了一遍后，便示意一名弟子领女孩到池塘边去看一下。不料，女孩子笑道：“不用去看了，这个问题太容易了。”她眨了几下眼睛，凑到老学者耳边说了几句话。

老学者听得连连点头，露出了赞许的笑容。

那么你能说得出有几桶水吗？

答案：

要看是怎样的桶，如果桶和水池一样大，那么就只有一桶水；如果桶只有水池一半大，则有两桶水；如果桶的大小是水池的三分之一，那么就有三桶水，依次类推。

2 认识逆境的意义

一个人的成长过程就像一棵树一样，总有风雨的陪伴，也会有枝枝杈杈的烦恼。

如果一个人很脆弱，不敢面对逆境，他就会畏缩着不再生长，而如果他坚强、勇敢，他就无畏暴风雨的侵袭，在风雨中、阳光下，成长得越来越茁壮。

谁都不可避免陷入困境，包括小朋友们，问题是，陷入困境的时候，我们该用怎样的心情去面对。快乐是人们最宝贵的财富和能力，它促使人们去面对逆境所带来的痛苦。

冷静下来想一想，有谁不是在快乐中承受着痛苦，又在痛苦中寻找快乐呢？有谁不是一边受伤，一边学会坚强呢？

法国前总统戴高乐曾说：“困难，特别吸引坚强的人。因为他只有在拥抱困难时，才会真正认识自己。”

小朋友们要明白，遭遇逆境，更能锻炼自己的意志，更能让我们明白感恩和珍惜幸福，所以，身处逆境，我们不要悲观失望，也不要灰心丧气，把逆境当做一种机遇，养成不畏惧苦难的品格。

逆境的意义

意义 1：逆境让我们更坚忍

逆境既能让一个人毁灭，也能让一个人获得成功。毁灭的人是弱者，而成功的人则是有坚忍品质的强者。

意义 2：逆境能增强我们挑战自我的能力

日本著名作家山本曾经说过：“年轻时没尝过苦水的人，不能成长。我把‘辛苦’当做我的老师。”

意义 3：逆境教我们学会更好地做人

当我们身处逆境的时候，我们会真正地感受到父母的不易和艰辛，就会更加珍惜现在拥有的一切，就会自觉地去努力生活和学习。

AQ 加油站

聪明的将军

有一位将军特别善于调配士兵，一次他带了 360 名士兵守一座小城池。他把 360 名士兵分派在城的四面，每面城墙都有 100 名士兵。战斗打得很激烈，不断有士兵阵亡，每减少 20 人，将军就将守城的士兵重新排列一下，使敌人看到每面城墙上依然有 100 名士兵。士兵的人数降为 220 人了，四面城墙上仍有 100 名士兵。敌人见守城的士兵丝毫没有减少，以为他有大量的后备军，便撤军了。

你知道将军是怎样巧妙布置士兵的吗？

答案：

360：

10	80	10
80		80
10	80	10

340：

20	70	10
70		70
10	70	20

320：

20	60	20
60		60
20	60	60

300：

20	50	30
50		50
30	50	20

280：

30	40	30
40		40
30	40	30

260：

40	30	30
30		30
30	30	40

240：

40	20	40
20		20
40	20	40

220：

50	10	40
10		10
40	10	50

3 懂得珍惜财富

几乎所有的人都希望自己成为一个拥有丰厚财富的人，但是拥有财富却需要一个创造的过程，如果没有经历这种过程而一夜暴富，他们的人生往往会有很大缺憾。

据调查结果显示，在中彩票一夜暴富的人中，有许多人都是在贫穷痛苦中走完人生最后一程的。乍一听，这有点让人费解，本来中奖就像天上掉馅饼似的，这样的幸运儿应该是生活得非常幸福才是，怎么会在不幸中走完了人生的旅程呢？

其实这正是验证了中国的一句古话：“积钱犹如针挑土，花钱犹如水推沙。”因为这些一夜暴富的人不懂得珍惜财富的可贵，他们大手大脚地花掉毫不费力就得到的钱，最终酿成了悲剧。

国际知名连锁集团沃尔玛的创始人山姆·沃尔顿是位居世界顶级富豪榜前列

的人物。在他获得巨大成功后，仍然没有忘记创业的艰辛——每天中午只吃一个汉堡，也就是意味着40美分就够他吃一顿午餐。

有一次，山姆·沃尔顿接过服务员递过来的午餐时，发现账单被误打成了50美分。他立即叫来了服务员，要求他马上改过来。那个服务员觉得不可思议，便说："如果我像您这么有钱，才不会这么计较这10美分呢。"

听了服务员的话，山姆·沃尔顿回答说："如果你懂得珍惜10美分的话，就不会到现在这个年龄还在这里做服务员了。"

通过上面的故事，我们可以得出一个结论：要学会珍惜每一分钱的财富。

很多小朋友都有大手大脚花钱的习惯，对于父母给的零花钱不懂得珍惜。这样的孩子长大后，必然会吃不得苦，创造不了更多的财富。

珍惜财富的方法

1. 管理好零花钱的开销。（比如，准备好一个零花钱记账簿，每天看着一笔笔钱的支出，就会刺激你储蓄的欲望。）

2. 节约能源。（比如节约用电、用水和煤气等。小朋友可以和父母谈一笔交易：自己监督节约能源，把节约下来的能源费用给自己。）

3. 遏制自己的消费欲望。（当你和父母逛街的时候，不妨制订一个"消费计划"，把需要购买的物品写下来，计划中没有的，坚决不买，并且养成习惯。）

AQ加油站

音乐转灯

有一盏音乐转灯的设计很独特：在中心红光外面包有7层壳，每层壳上都有 7 个五角星的图案，当 7 层壳上的五角星排成一条直线时，这样中心红光可以透出五角星图案。如果开始时 7 个五角星是对齐的，然后 7 层壳一起转动，但是转速却不一样：每分钟第一层转 1 圈，第二层转 2 圈，第三层转 3 圈，第四层转 4 圈，第五层转 5 圈，第六层转 6 圈，第七层转 7 圈。请问：至少转多长时间，可以透出五角星圈案来？

答案：

给那么多的条件只是为了迷惑你，请你仔细想一下，在一分钟后，它们各自转了整数圈，肯定又会恰好对齐。

4 正确面对失败

你知道美国的企业招聘员工的时候非常看重什么吗？答案是是否能接受失败。他们在招聘新人时，并不十分看重学历，而会比较偏重一些特质，比如，在学校里参加过什么业余体育团队没有。

美国很多学生都在学校加入橄榄球队，父母们也经常在傍晚去看孩子们练习。通过橄榄球训练，一方面可以增强孩子们的团队精神，另一方面还可以锻炼一种品质：能够接受失败。

因为在体育比赛里，冠军永远只有一个，所以大部分人辛苦训练了半天，在运动场上拼搏了半天，可到最后结果是都变成了陪衬，不得不和团队的战友们一起接受失败的结果。

很多小朋友都有这样一种心态：失败很可怕，要不惜一切代价避免失败。

其实，这是一种会让自己陷入痛苦的误区，你要知道，每个人都拥有平等的机会，没有一个人注定要过一种失败的生活，也没有一个人注定要过一种一帆风顺的生活，任何事情，都有可能失败，要敢于接受失败，并从失败中领悟到一些知识，总结出一些经验教训，这样才有可能抓住攀向成功的梯子。

如何反败为胜

美国成功学家哈罗德·雪曼写过一本书，名叫《如何反败为胜》，他在书中列出了八种方法，小朋友们请把它记住：

1. 只要我坚信自己正确，我决不放弃。
2. 我深信，只要我坚持到底，一切都会迎刃而解。
3. 在逆境中我会充满勇气，决不气馁。
4. 我不允许任何人用恫吓或威胁迫使我放弃目标。
5. 我会竭尽全力克服生理障碍与挫折。
6. 我会一而再，再而三地努力做我想做的事。
7. 知道了成功的人士都曾失败和与逆境搏斗之后，我会获得新的信心和决心。
8. 无论我面临什么样的障碍，我决不向失望与绝望低头。

AQ 加油站

惨烈的尖叫

一天夜里，邻居听到一声惨烈的尖叫。早上醒来发现原来昨晚的尖叫是受害者的最后一声。负责调查的警察向邻居们了解案件发生的确切时间。一位邻居说是 12 时 08 分，另一位老太太说是 11 时 40 分，对面杂货店的老板说他清楚地记得是 12 时 15 分，还有一位绅士说是 11 时 53 分。但这 4 个人的表都不准确，在这些人的手表里，一个慢 25 分钟，一个快 10 分钟，还有一个快3分钟，最后一个慢12分钟。聪明的你能帮警察判断案发时间吗？

答案：这是一个看起来很复杂其实很简单的问题。作案时间是12时05分。计算方法很容易，从最快的手表(12时15分)中减去快得最多的时间(10分钟)就行了。或者将最慢的手表（11时40分）加上慢得最多的时间(25分钟)就可以得出相同的答案。

5 里根的简历

我想，小朋友们都听说过里根吧？没错，里根就是美国历史上第40任总统，他带领美国走出了20世纪70年代经济持续衰退的阴影，恢复了美国的信心，并培植了信息产业，为克林顿时期经济奇迹的出现作出了重要贡献，成为了美国人心目中优秀的总统。

也许你会心里犯嘀咕：人家里根天生就是一个了不起的人物。可事实上，里根是经历了无数次自我超越才有了那些成绩，成为美国总统的。

让我们来看一看里根的履历表吧。

里根的履历表

1933年，开始从事体育播音员工作。在之后的五年，他的播音事业蒸蒸日上，但是里根并不满足。

1937年，经人推荐，他在一部《空中的爱情》的影片中扮演一个角色，踏上了演艺之路。在演艺生涯中他共拍了64部影片，在1941年“最有希望的演员”评选中获胜。

1964年，在试镜拍摄《最好的男人》影片中的总统一角时落选。导演的理由是:“里根不具备一名总统应有的相貌。”但是,这没有动摇他走上政坛的决心。

1966 年,里根竞选州长成功。

1970 年,里根连任州长。

1980 年,69 岁的里根当选为美国第 40 任总统,实现了从平民到总统的梦想。

从里根的履历表中我们可以看出,他是一个不满足于现状、敢于突破自我、追求卓越的人。小朋友,当你身处安逸时,千万不要不思进取,不要刚刚取得了一点成绩就开始满足于现状,你要相信自己身上还有无限的潜能,还可以将事情做得更好。只有不断突破自我、追求卓越的人,才能成为一个真正成功的人。

不断追求卓越方法

1.让自己不断追求,力争尽善尽美。

2.让自己相信奇迹,不断渴望创造奇迹。

3.不给自己的心灵设限,要尽力而为。

4 .把观念中的“不可能”变为“可能”。

AQ 加油站

裙子的颜色是什么

娜娜最近买了一条新款淑女裙。朋友们急着想一睹风采,可娜娜却还在卖关子,只给她们一个提示:“我这条裙子的颜色是红、黑、黄三

种颜色中的一种。”

“娜娜一定不会买红色的。”晓晓说。

“不是黄的就是黑的。”童童说。

“那一定是黑的。”光子说。

最后，娜娜说：“你们之中至少一个人是对的，至少有一个人是错的。”

请问：娜娜的裙子到底是什么颜色的呢？

答案：黄色。

6 咦？他们曾是差生

爱因斯坦被公认为世界上最聪明的人，甚至很多人都推测像爱因斯坦这样的天才，他的大脑和常人的大脑结构肯定不一样。

可是，你知道小时候的爱因斯坦是什么样子吗？

爱因斯坦小的时候是个连话都说不清楚的笨孩子，更别说什么超常天分了，考试成绩几乎总是倒数第一。老师甚至写下了这样的评语："这个学生以后不论从事什么工作，获得成功的概率几乎为零。"

看到这些，谁会想到一个成绩这样差、这样不被老师看好的学生，后来竟能获得举世瞩目的诺贝尔奖呢？

因此，小朋友，如果你的文化课成绩不太理想也不要太着急，更不能自暴自弃。因为一个人一时的成绩不代表一世的成绩，在校期间的成绩不会决定他一生的成败。

还有英国前首相撒切尔夫人，在学校的成绩也是一团糟，特别是她的拉丁语和数学课程，基本上就是交白卷。可是，她日后居然会成为英国首相。

不过，小朋友们，看到这些后，也不要沾沾自喜，认为自己成绩不好没什么大碍，大可不必放在心上了。这样的话，你就又犯错误了。刚才我们这是看到这些成功人士的一个方面，我们还要看到他们的另一些特点：

1. 尽管他们在学校的时候成绩不理想，但是都有自己的一技之长。
2. 不管别人怎么说，坚持走自己的路，不气馁。
3. 为了开发自己的潜能，他们付出了比常人更多的代价和努力。

AQ 加油站

如何过河

明明牵着一只狗和两只小羊回家，路上遇到一条河，没有桥，只有一条小船，并且船很小，他每次只能带一只狗或一只小羊过河。你能帮他想想办法，把狗和小羊都带过河去，又不让小狗咬到小羊吗？

答案：

先把狗带到对岸，然后返回，把一只小羊带过去，顺便把小狗带回原来的岸边，把另一只小羊带到对岸。然后再返回把狗带过去。

7 提升自我保护能力

在我们成长的过程中，总会不可避免地遇到一些突发情况或者危险，比如和同学去野外宿营时不小心走散，或者在放学回来的路上遇到不法分子的侵害，或者父母出差时自己在家不小心患了感冒……

这些突发情况不一定每个小朋友都会遇到，但关键问题是，一旦遇到后，你该怎样处理？如果处理得不够得当，你可能就会遇到很多危险，因此提升自我保护能力，可以避免一些灾难的发生。

怎样应对恐怖情况

1.当你看见一只小动物好像死了的时候，不要靠近它去查看它是否真的没命了，因为它会突然袭击你。

2.在外面不要接受陌生人的邀请。

3.不要去地下室，尤其是一片漆黑、电话接收不到信号的地方。

怎样独自在野外生存

1.寻找水源是第一要务。要想活得更长久，你可以暂时缺少食物，但不可以缺少水。你得找一个靠近水源的地方安营扎寨，但是不能靠得太近，因为野生动物会寻水而聚。

2.找一堆干木头生火，你也可以利用树皮，甚至是风干的动物粪便。要想在晚上保持温暖，可以拿石头在火堆上烤热，埋在地下，晚上睡在上面。千万记住不能让火堆熄灭，旁边要随时准备好一堆潮湿的树叶。如果听到飞机飞过头顶的声音，把湿树叶撒在火堆上可以冒出一股烟，以吸引飞机上人们的注意。

3.寻找食物的时候一定要加倍小心，不要被毒蘑菇诱惑，浆果也是很危险的，一般来说，大多数白色和黄色的浆果都是有毒的，而蓝色和黑色的浆果则大多无毒。

提升自我保护能力的秘诀

1.记住父母的姓名、家庭住址，记住父母的工作单位、电话号码等。

2 .认识一些药品，了解一般常识，会辨认一些常用药品，如感冒药、创可贴、清凉油等，并了解这些药品的用途、用法以及误吃的危险性。

3.了解一些家用电器的用法。要知道冰箱、电视机、燃气灶、热水器等家用电器一旦使用不当，会酿成大祸。

AQ 加油站

老实的“骗子“

老实先生一家人一点儿都不老实。这天中午吃饭，爷爷先在圆形的餐桌前坐了下来，问其他四个人要怎么坐。没想到他们四人这个也要撒谎。

妈妈说：“我坐在女儿旁边。”

爸爸说：“我坐在儿子旁边。”

女儿说：“妈妈是在弟弟的左边。”

儿子说：“那我右边是妈妈或姐姐。”

请问：他们一家人到底是怎么坐的？

答案：

从爷爷的左边开始，依次是儿子、女儿、爸爸、妈妈。

8 给自己许个未来的愿望

一天,乔丹正在参加一场篮球比赛。上半场结束,两队球员中场休息,这时当时一位著名的篮球教练指着乔丹说:“我看,这个孩子日后要成为咱们美国最棒的运动员哩!”

小乔丹把这位教练的话深深地记在了心里。

在以后的日子里,他只要遇到困难总是用那位教练的话来激励自己。终于,经过努力,乔丹取得了一个篮球运动员所有的荣誉:一个集优雅、力量、艺术、即兴能力于一身的卓越运动员,并重新定义了 NBA 超级明星的含义,他是公认的全世界最棒的篮球运动员,不仅仅在他所处的那个时代,在整个 NBA 历史上乔丹都是最棒的。

一次,已经率队得过多次冠军的乔丹找到了那位教练问:“教练,那时您怎么知道我会是美国最棒的篮球运动员呢?”听了乔丹的话,那位教练丈二和尚摸不着头脑。等乔丹叙述完事情的原委,教练却告诉他,那时他指的孩子不是乔丹,而是另一个站在他身边的男孩。

原来,在我们的内心里,每一个人都有一个不愿意让别人的期待落空的愿望,也不愿意放弃内心深处对自己的期望。那么,你能把蕴藏在你身上的潜能发挥到什么样的水平呢?给自己许一个未来的愿望怎么样?比如说“我日后肯定会成为一个什么样的人”之类的预言。

给自己许个未来的愿望

我日后肯定会成为一名优秀的运动员:为了这个愿望,我在小学的时候就应该有意识地向这方面发展。如果想成为一名职业运动员,除了有一技之长外,还要付出辛勤的汗水以及具备出众的耐力和极强的获胜欲。

我日后肯定会成为一名一线记者:为了这个愿望,我必须找到我所擅长的领域,如体育、政治、健康、教育等。这个职位还要求我能巧妙地提出一些有利于别人回答的问题。

我日后肯定会成为一名卓越的 CEO:为了这个愿望,我就要锻炼自己具备卓越的领导才能和出众的经济头脑。以便日后对员工的工资以及公司日常收支情况的全盘负责。

我日后肯定会成为一名出色的经济学家:为了这个愿望,我要有较高的经济领域的学历,要好好学习概率、统计、数学等方面的知识。尽管经济学是一门比较高深的学问,但择业范围广泛,可以在银行业、保险业、零售业或其他行业领域工作。

AQ 加油站

数学家的年龄

一位数学家的墓碑上刻着这样一段话:“过路的人,这是我一生的经历,有兴趣的可以算一算我的年龄:我的生命前七分之一是快乐的童年,过完童年,我花了四分之一的生命钻研学问。在这之后,我结了婚。婚后 5 年,我有了一个儿子,感到非常幸福。可惜我的孩子在世上的光阴只有我的一半。儿子死后,我在忧伤中度过了 4 年,也跟着结束了我的一生。”

根据墓碑上所刻的信息，你能计算出他的年龄吗？

答案：

84岁。假设数学家的年龄为X岁。根据碑文很容易列出方程：X=X/7+X/4+5+X/2+4，即可解得X=84。

9 透过苦难看到的

一个年轻人来到城市打工，不久因为工作勤勤恳恳，老板便把手下的一个分公司交给他打点。

这个青年将这个分公司管理得井井有条，业绩直线上升。有一个外商听说之后，想同他洽谈一个合作项目。当谈判结束后，年轻人邀请这位蓝眼睛黄头发的外商共进晚餐。

这顿晚餐没有丰盛的美味佳肴，只是简简单单的几个地道的特色小吃，吃到最后，还剩下两块薄脆饼。他对服务小姐说，请把这两块饼给我打一下包，我要带走。外商当即站起来表示明天就同他签合同。

第二天，老板设宴款待外商，席间，外商轻声问年轻人："你受过什么教育？"年轻人回答说："我家很穷，父母不识字，他们对我的教育是从一粒米、一根线开始的。父亲去世后，母亲辛辛苦苦供我上学。她常教育我说一定要做好自己该做的事……"在一旁倾听的老板和外商听后都很感动，端起酒杯激动地说："我们共同敬她老人家一杯，她让你受到了人生最好的教育。"

启示秘诀

一个人吃过苦，便懂得珍惜；一个在贫寒中长大的人，不会不知道节俭的重要；一个自小就知道努力做事的人，不会不对自己和他人负责……

贫穷并不可怕，可怕的是人在贫穷中什么也看不到什么也学不到，进而失去信心。

AQ 加油站

帽子游戏

课间休息时，老师和同学们做了一个游戏。他拿来 5 条手帕将 5 名学生的眼睛蒙上，然后分别给他们戴上或白或黑的帽子，说："你们每人都戴有一顶帽子，要么是白色的，要么是黑色的。你们先猜一猜，除自己以外，有几人戴了白帽子？有几人戴了黑帽子？"

甲猜："除我以外，有 1 顶黑帽子和 3 顶白帽子。"

乙猜："除我以外，有 4 顶黑帽子。"

丙猜："除我以外，有 3 顶黑帽子和 1 顶白帽子。"

丁猜："我不猜了。"

戊猜："除我以外，有 4 顶白帽子。"

听了 5 个人的猜测后，老师说："你们 5 个人中戴白帽子的人猜对了，戴黑帽子的人都猜错了。请大家接着猜自己头上戴的帽子的颜色。"

在第二次猜测中，5 人都正确猜出了

自己戴的帽子的颜色。

你知道这 5 名学生头上戴的帽子各是什么颜色吗?

答案:

甲、乙、戊是黑帽子,丙和丁是白帽子。如果按习惯思维,会用排他法进行推理分析,即将 5 个人的话一一进行假定分析,可结果是越理越理不出头绪。显然排他法不适合本题,必须另辟蹊径。

我们先来看一看谁的陈述最简洁。当然是乙与戊,如以"戴白帽子的猜对了"为前提,戊的陈述比较有头绪。我们选取他为突破口。如果戊正确,那么 5 人都戴白帽子。又以"戴白帽子的猜对了"为前提,则甲、乙、丙 3 人猜测的都是正确的。显然,这与事实不符,所以戊是错的,他戴的是黑帽子。

再看乙的陈述,如果他的话是正确的,那么其他 4 人戴的都是黑帽子,他们的陈述也都是错的。可丙的陈述是"除我以外,有 3 顶黑帽子和 1 顶白帽子",显然互相矛盾。所以乙的陈述是错的,他戴的是黑帽子。

从乙和戊所戴的是黑帽子中,可知甲的陈述是错的,因为他戴黑帽子。

再来看关键的丙的陈述。如果他是错的,那么所有人的猜测都是错的,即所有的人戴黑帽子,与老师说的至少有一人是戴白帽子的隐含条件相矛盾。所以丙是正确的,他戴的是白帽子。

丙是正确的,那么他说还有一人戴白帽子,只剩下丁了,所以丁戴的是白帽子。

这样 5 个人在第二次推测中就可以辨清自己所戴的是什么颜色的帽子了。

10 安逸背后的危机

在芬兰有一道传统美食，叫做“水煮青蛙”。我们没有吃过这道菜，不知道味道如何，但据说这道菜的烹制过程是相当有趣的。

顾客入席后，服务员就会把燃气炉和锅摆在餐桌上，然后再往锅里倒入温水并放入活蹦乱跳的青蛙。如果这时水温过高，青蛙就会被烫得一下子从锅里跳出来，所以做这道菜的窍门就在于刚开始时倒入青蛙喜欢的温水。这样一来，青蛙就会以为是在池塘里，乖乖地把肚皮贴在锅的底部，怡然自得地待在锅里享受温水的沐浴。

为了不惊动青蛙，服务员在注入温水后，用文火慢慢地给锅加热，所以青蛙丝毫察觉不出危险，就这样安然地、慢慢地被煮成了熟食。

看完这段文字，你是不是觉得很可怕呢？在生活中这样的安逸危机处处可见，比如你在学校里成绩不错，父母也常常因此而夸奖你，时间长了你就会认为“我已经很优秀了”。这时，你很可能就失去了学习的紧迫感，这样很可能就会在一个位置上停滞不前，这和锅里的青蛙不知自己大祸临头是同样的道理。

启示秘诀

安于现状是一种很危险的状态，它会让你失去斗志，在自我安逸中慢慢迷失自己，让对手超越自己。时刻保持清醒的头脑，看清楚安逸背后的危机，为不断超越自己而努力才是最明智的选择。

AQ 加油站

轮胎如何换

有一个从事长途运输工作的司机要出发了。他用来运输的车是三轮车，轮胎的寿命是 10000 公里，现在他要进行 25000 公里的长途运输，计划用 8 个轮胎就完成运输任务，怎样才能做到呢？

答案：

如果给 8 个轮胎分别编为 1~8 号，每 2500 公里换一次轮胎，配用的轮胎可以用下面的组合 123（第一次可以行驶 5000 公里），124，134，234，456，567，568，578，678。

第2章
提升意志力

1 从幻想这一刻开始

小朋友,你对自己的未来有什么打算吗?如果你觉得这个问题很抽象,不好回答,那先试试顺着这个思路来一次幻想旅程:

你有自己喜欢的明星吗?长大后,你渴望能像谁一样生活呢?

好,现在就闭上眼睛好好想想这个问题,然后再想一想自己20年后的样子。

20年后自己是什么样子呢?

是像童话里的公主与王子一样生活的吗?

还是从事着自己喜欢的事情,任自己的才华挥洒得淋漓尽致呢?

抑或是成为了众多影迷追捧的明星,不管走到哪里都有鲜花和掌声相伴?

这样的幻想,会让你的思绪一直漂流,直到闭着眼睛就可以笑出来。但是,睁

开眼睛后，你就应该知道：

这样的幻想，几乎是每个人在孩提时代都曾经历过的，但是，20 年后的自己，真的会像现在幻想得那样美丽吗？

事实证明，只有很少很少的人，实现了童年时代的梦想。

如果你想实现自己的梦想，那么，从现在开始，你就要记住：行动才会让自己离目标越来越近。就像望着满树的桃子，光流口水是没有用的，要挽起衣袖去爬树，才能摘取美味的桃子。爬树当然辛苦，不仅要与地心引力作斗争，还要忍受各种虫蚁的叮咬……但必须往上爬，这就是你实现理想的必经之路。

因此，留住你的幻想，把握你的行动，要做自己想做的人。

奇妙的幻想旅程

我目前的偶像：________________

我未来的画像：________________

我目前的理想：________________

我未来的职业：________________

我目前的心情：________________

我未来的收入：________________

AQ 加油站

爱说假话的兔子

有 4 只兔子，年龄从 1 岁至 4 岁各不相同。下面是它们当中的两只说的话，无论谁说话，如果说的是比它年龄大的话都是假话，说的是比它年龄小的话都是真话。

兔子甲说:“兔子乙 3 岁。”

兔子丙说:“兔子甲不是 1 岁。”

你能知道这 4 只兔子分别是几岁吗?

答案:

甲:2 岁;乙 4 岁;丙 3 岁;丁 1 岁。

如果兔子丙说的话是假话,丙就比甲年龄小,而且甲就是 1 岁,这是不可能的。

所以兔子丙的发言是真实的,甲不是 1 岁,丙比甲年龄要大。如果甲的发言是真话,就是乙 3 岁,甲比乙年龄大,即甲 4 岁,这与上面的分析是矛盾的。

所以,甲的话是假的,乙也不是 3 岁,甲比乙年龄要小。

根据以上分析,乙是 4 岁,丙是 3 岁,甲是 2 岁,剩下的丁就是 1 岁。

2 为理想搭起桥梁

当你有了理想之后，接下来要做的就是如何为自己的理想搭起一座桥梁。

对很多小朋友来说，为理想搭桥的工作过于艰难，以至于理想总是在自己的另一端，永远无法企及。

比如，有的小朋友的理想是长大后成为一名医生，但是，对成为一名医生所需要具备的技能不甚了解。每天仍然没有目的地混日子，当然，这样的理想将永远无法实现。但是，按照下面的步骤从具体小事做起，相信你一定可以到达你理想的彼岸！

步骤 1：我下定决心要________________

步骤 2：我要实现这个目标的 3 大理由________________

步骤 3：为了实现这个远大志向，我必须做好这样几件事情________________

步骤 4：拟订计划，设定时间表。例如，你可以按照下面表格的样子，给自己设定计划。

时　间	活动安排	完成情况	备　注

步骤 5：立即行动，让自己忙碌起来。

步骤 6：每天睡觉前进行自我检查，给自己的表现打分。

当然，认真地坚持这些步骤并不容易，不过，只要常常检查自己、监督自己，相信你一定能够成功搭起这座桥梁。

找出你喜欢的职业

画家 通过创造，把自己的感觉或情感以绘画的形式予以表现的职业。

梦想长大当画家的小朋友，应当有意识地到画廊、美术馆、博物馆去观摩著名画家的作品，不断提高自己的欣赏水平和鉴赏能力。

建筑师 按照各种不同的用途设计写字楼、住宅、店铺等建筑物的职业。

长大后可以就职于建筑设计所。建筑师不仅要具有数学、美术方面的才华，还要有别出心裁的创新能力。

动漫设计师 制作漫画电影的职业。

要具有绘画的天赋，能熟练地使用电脑绘画软件，可以在漫画电影制作、漫画出版、广告等行业领域一显身手。

插图设计师 给书籍设计插画的职业。

对于在美术方面有才华和对图书出版感兴趣的小朋友来讲，这是一个值得挑战的职业。在生活中要注意观察人与动物的各种表情、动作，不断地试着描绘出来。

另外，你还可以考虑从事的职业有：

律师、医生、护士、摄影师、造型师、教师、编辑等等。去查一查你喜欢的职业需要具备一些什么技能吧。

AQ 加油站

科学家理发

一位科学家来到一个小镇，他发现镇上只有两位理发师，两人各有自己的理发店。科学家想要理发，于是他先察看了一家理发店，一眼就看出它非常脏，理发师本人衣着不整，而且头发蓬乱。再看另一家理发店，店面崭新，理发师的胡子刚刮过，而且头发修剪得非常好。科学家稍作思考，便返回了第一家理发店。你猜这是为什么呢？

答案：

因为镇上只有这两位理发师，这两位理发师必然要给对方理发。科学家挑选的是给对方理出最好发式的那位理发师。

3 拥有坚强不屈的信念

在人生的道路上，不仅有平原小溪，还有高山大河；不仅有阳光灿烂的日子，更有狂风暴雨的时候。

只有那些勇敢执著去奋斗追求的人，才能像暴风雨中的海燕，得意洋洋地掠过海面，好像一道深灰色的闪电。

大到人生，小到每一次考试，成功只属于那些勇敢追求、全心付出的人。

因此，当小朋友们在遇到挫折时，首先要问问自己：我真的用尽全力了吗？

也许你只是被对手的气势吓倒了，在比赛还没有开始之前，就让自己退下阵来。

如果你是这般轻易放弃的话，将来又如何在激烈的社会竞争中立足呢！

在这个世界上，没有越不过的海洋，没有攀不过的高山，只怕没有一颗坚强的心。如果没有一种执著追求的精神，你将永远无法实现美梦成真的愿望。

很多小朋友都听过这个故事：

有一个失意的年轻人向一位哲人请教成功的秘诀。哲人递给他一颗花生说："用力捏它。"年轻人用力一捏，花生的壳便碎了，剩下了花生仁。然后，哲人又叫他再搓，结果红色的皮也被搓掉了，只留下了白色的果实。哲人再叫他用力捏捏，年轻人迷惑不解，但还是照做了。可是不论他如何用力，却怎么也捏不碎这粒花生仁。

最后，哲人语重心长地告诫年轻人："虽然屡受打击与磨难，失去了很多东西，但始终都要拥有一颗坚强不屈的心。如果一个人连一颗敢于面对重重磨砺和困难的心都没有，那么，谁还赋予他希望呢？"

所以，小朋友，你要明白，影响一个人成功的，绝不是环境，也不是遭遇，而是你是否拥有一颗坚强的心，一种不屈的信念，在任何时候不言放弃的精神。命运全在搏击，奋斗就是希望，而失败只有一种，那就是放弃努力。小朋友，当你遇到挫折的时候，要勇敢起来，不要犹豫退缩，不要庸人自扰、彷徨失措，只要你付出百分之百的努力，你就一定会美梦成真。

培养毅力的方法

1.坚定自己的目标，这是培养毅力的第一步，也是最重要的一步。（强烈的动机可以驱使你战胜许多困难。）

2.要有强烈的渴望。（只要当你急切地想实现你的目标时，你就有实现目标的动力，它会促使你坚持到底。）

3.相信自己。（信心可以鼓舞人坚持目标，永不放弃。）

4.给自己一点暗示。（当你觉得快要退缩时，给自己一点暗示，比如实现目标之后你将会得到什么奖励等。）

一共花了多少钱

吉尼太太从超市回来，路过邻居摩尔太太的门口，两人闲聊。吉尼太太说：“我用每串30美分的价格买了几串黄香蕉，又用每串40美分的价格买了同样数量的绿香蕉。后来我想了想，就把钱平均分配，分别购买香蕉时，却发现所买的香蕉多了两串。”

“你一共花了多少钱啊？”摩尔太太问。

“就是啊，我一共花了多少钱呢？”

吉尼太太有点儿糊涂，想不起花了多少钱，你能帮她想出来吗？

答案：

吉尼太太一共用了33.6美元，买到48串黄香蕉和48串绿香蕉。如果把钱平分，16.8美元可以买42串绿香蕉或56串黄香蕉，一共98串，多了2串香蕉。

4 开发自己独特的潜能

大家都知道每个人身上都有所谓的“潜能”，但是，我们对于自身都有什么样的潜能，往往不是很清楚，事实上，一个人的潜能常常超出很多人的想象。

在一般情况下，人的能力都只发挥了很小很小的一部分，而在受到激励的条件下才能几乎全部发挥出来。

美国有一个叫威廉的心理学家发现：一个普通人只用了其能力的10%，还有90%的潜能可以挖掘。请注意，这里所说的只是普通人，还不是“天才”！

大多数人还没有意识到，自己的能量简直就是一个处于潜伏期的活火山。

可惜的是，很多人尚未看到自己的潜能，就已经结束了一生。

亲爱的小朋友，你有没有意识到你自身的能力要比你自己感觉的大得多呢？

马克·吐温曾说过：“人的思想是了不起的，只要专注于某一项事业，那就一定会做出令自己惊讶的成绩来！”

那么从现在开始，请承认自己是那样的了不起，并且赶紧来开发自己的潜能吧！

开发潜能的方法

1.有开发自己潜能的渴望

小朋友，现在你已知道在你的身上，尤其是你的脑袋里，蕴藏着像活火山一样的潜能，而只要后天有意识地培养，你就可以掌握自己曾经认为是神乎其神的才能。那就不要犹豫了，接着往下做吧。

2.寻找自己独特的才能

现在回忆一下，自己喜欢的领域是什么？自己擅长什么？自己最为得意的又是什么？（因为这些方面，意外潜藏着很多先天性的才能。）

3.按照适合自己的步骤训练才能

永远没有最好的，只有适合自己的。所以无论做什么，都要分析自己的情况，只要按照自己的步骤训练，就一定能够培养出潜在的才能来。

AQ 加油站

葱为什么卖亏了

一捆葱有 5000 克重，按 500 克卖 1 元的价格出售。

有个买葱人说，我全都买了，不过我要分开称，葱白每 500 克 7 角，葱叶每 500 克 3 角钱，这样葱白加葱叶还是 1 元，对不对？卖葱的人一想，7 角加 3 角正好等于 1 元，没错，就同意卖了。

他把葱切开，葱白 4000 克，葱叶 1000 克，加起来 5000 克，4000 克葱白是 5.6 元，1000 克葱白 6 角，共计 6.2 元。

事后，卖葱人越想越觉得不对，原来算好的，5000 克葱明明能卖 10 元，怎么只卖了 6.2 元呢？到底哪里算错了呢？

答案：

要知道，葱原本是 500 克卖 1 元钱，也就是说，不管是葱白还是葱叶都是 500 克卖 1 元钱。而分开后，葱白却只卖 7 角，葱叶只卖 3 角，这当然要赔钱了。

5 做个乐观、积极向上的人

我们每个人看到的世界是不一样的，因为我们对这个世界的看法和我们所抱的态度千差万别。这主要是源于我们的内心世界非常富于变化，而且它的复杂程度远远超过世间任何其他的东西。

心灵是自我做主的地方！在心灵里，天堂可以变成地狱，地狱也可以变成天堂。面对玫瑰花，你可以认为“花下面全是刺”，也可以认为“刺上面是花”；面对半瓶酒，你可以想“唉！只剩下一半了”，也可以想“哈哈，不错，还有一半呢”！

这就是悲观者的世界与乐观者的世界。

其实，生命就是一连串的选择。对于生命，每天我们都可以有两种选择：

享受它，或是憎恨它。

这是完全属于我们自己的权利，没有人能够控制或夺去的东西。

来看看下面两条著名的定律吧，仔细想想每条定律所要表达的意思。

麦克斯韦定律

1.任何事情都没有表面看起来那么困难。（看似很难，实则容易）

2.任何事情都比你预期的更令人满意。

3.任何事情都能办好，而且是在最佳的时刻办好。

墨菲定律

1.任何事情都没有表面看起来那么简单。（看似容易，实则很难）

2.任何事情所浪费的时间都比你预期的多。

3.会出错的事情就是会出错，而且是在最坏的时刻出错。

小朋友，你的思维方式和看法更倾向于哪一条定律呢？

如果你倾向于墨菲定律，那么请你赶快把它转换成麦克斯韦定律的状态吧。

AQ 加油站

井底之蛙

一只井底之蛙想出去见见世面，于是开始攀爬井壁。每爬一次，就上升 3 米，下滑 2 米。已知井深 10 米，请问：这只青蛙要攀爬几次才能爬出井去？

答案：

8 次。不要被题中的枝节所蒙蔽，每次攀爬 3 米下滑 2 米，实际上就是每次攀爬上升 1 米，因此以为 10 米要用 10 次才可全部跳出，这样想就错了。因为在第 7 次攀爬后上升的 7 米处，只需第 8 次攀爬的 3 米就跳出井口了，不再往下滑了。

6 心动就开始行动

行动指数测验

是的打“√”，否的打“×”。每个问题都请在 10 秒之内作出回答。

1.你是不是在打算做一件事情的时候，总是迟迟不肯行动？

2.是不是一边懊悔自己拖延了时间，一边又为拖延找借口？

3.是不是也觉察到拖延时间的害处，可仍在拖延已经决定要做的事？

4.做什么事都一拖再拖，无休止地拖下去，结果一事无成？

如果上面的问题，你有三个以上都打了“√”，那么说明你的行动指数很低，也就意味着你的懒惰系数很高，希望小朋友尽快提高自己的行动指数！

小朋友们首先要明白：人的寿命是有限的，但生活是无限的。我们的无穷活力来自于行动——只要从此时此刻起就认真地生活，必然可以活出自己的一片天空。

只有行动起来，精神才会集中于想要做好的事情上。当然行动的结果，可能是如己所愿，但也可能出现波折或发生意想不到的事情，但是这样的体验是最能提升能力的。

让自己行动起来的根源是勤奋。成功之花靠勤奋者辛勤劳动的汗水去灌溉。世上的成功，就是勤奋的成功。当勤奋变成一种习惯，那就很容易实现自己的目标了。勤奋的天敌是懒惰，你能战胜懒惰吗？

要战胜懒惰，就要有拍案而起的魄力，要有视惰如仇的理智，要有说行动就行动、不拖一秒的果敢，总之要有一股改变现状的精神。

战胜懒惰的方法

1. 从改善环境入手。习惯的养成，往往与长期相处的环境密不可分，因此若想改掉不良习惯，就应该设法将环境中的不利影响消除掉。如果清晨的时候抵挡不住被窝的诱惑，就把闹钟放到你不起来就关不掉的地方，等你从床上“噌”地起来后，就会发现不再钻进被窝睡觉也没有那么痛苦了。并且，还有一种能支配自己的小小成就感。

2. 用欲望和兴趣激发自己，从而避开诱惑。对能力提升的迫切需要、对成功的强烈愿望、对实现梦想的强烈欲望，最能激发一个人的自控力，来击退种种诱惑，从而克服懒惰。

3. 对自己狠一点儿。也就是做不到时要舍得惩罚自己。比如有种“橡皮筋弹痛法”：当犯了懒惰的毛病时，立即拉弹预先套在手腕上的一根橡皮筋，使之对手腕产生疼痛刺激。这种刺激可以让自己停下目前正在进行的不良行为，也可以在事后让自己长点儿记性。

AQ 加油站

聪明的士兵

某班有 1 名班长和 12 名士兵，他们负责守卫一个古老的城堡，城堡外是一片山林。班长在城堡四面每面派出 3 名士兵，有 4 个□望□可以观察士兵的情况。每天他都从各□望□观察一遍，都能看到有 3 个士兵在来回巡视，他非常满意自己的士兵能坚守岗位。可是，没过几天有人告发他的士兵天天在城堡外面的山林里打猎。为此，他特地到 4 个□望口观察，发现每面都有 3 名士兵。“人怎么可能会少呢？他们全站在那儿啊！”班长想。你知道为什么每面仍有 3 名士兵，而每天又都有士兵去打猎吗？士兵们是怎么糊弄班长的？

答案：

以 ○ 为士兵，‖ 为□望口，画成如下图形。可以看出，只要有 8 名士兵，就可以让班长从□望口观察到城堡四面每面都有 3 名士兵，另外 4 名士兵可以悠闲地去山林打猎了。

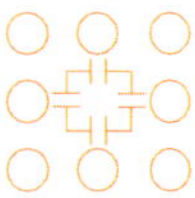

7 培养永不服输的性格

拿破仑有句名言说得好：人生之光荣，不在于永不失败，而在于能屡败屡战。

然而很多小朋友，却经受不住一点挫折。成绩没考好，泄气；竞选班干部落选，灰心；被老师批评，丧气。甚至有很多小朋友，因为一时的失误，就开始放弃努力，这绝不是强者的姿态。

要做强者，就要培养自己永不服输的性格。要记住：每次失败都是向成功的目标靠近了一步。其实失败只是表示尚未成功而已，并不是就不会成功了；失败也并不表示以前的努力是在浪费时间，其实它为成功做了准备；失败更不能让我们放弃目标，而是激励我们奋起更加努力。

我们一起来看一看爱迪生的故事：

爱迪生曾经长期埋头于发明电灯的实验，其间，曾有一位年轻记者问他："爱迪生先生，你目前的发明曾经失败过一万次，你对此有何感想？"

爱迪生回答说："年轻人，因为你的人生旅程才刚起步，所以我告诉你一个对你未来很有帮助的启示。我并没有失败过一万次，只是发现一万种行不通的方法。"

这就是爱迪生永不服输的性格，也正是这种性格，使他成为了伟大的发明家。

只有放弃才会失败，而不放弃，就会一直拥有成功的希望。不管做什么事都是这样。

即使是失败，也都只是暂时的，如果眼光总是集中于过去，却对现实生活逃避，那肯定会使我们深陷痛苦之中无法自拔。

不要为打翻的牛奶而哭泣！泰戈尔说，错过太阳时，你在哭泣，那么你也会错过星星。莎士比亚说，聪明的人永远不会坐在那里为他们的损失而悲伤，却会很高兴地去找出办法来弥补他们的创伤。

世上没有绝望的处境，只有对处境绝望的人。所以我们要忘却暂时的失意，把过去的痛苦彻底埋葬，用积极的行动取而代之。

培养永不服输的性格

1. 宠辱不惊，失败只是暂时的。（记住一句话：今天很残酷，明天更残酷，后天很美好。但很多人都死在了明天晚上，所以不要放弃今天。）

2. 不要成为自卑的俘虏。（面对失败的痛苦，要豪情万丈地说："欢乐算什么，一万个欢乐也赶不上一个痛苦！我满载着和苦难一样多的财富。"）

3. 在逆境中奋发图强。

4. 向成功学习。

AQ 加油站

最后一张扑克牌

你能根据前面 5 张扑克牌的排列规律，找出最后一张扑克牌是什么牌吗？

答案：见 87 页。

8 排解坏情绪的训练

乐观积极的心态和思维方式是无敌的！可以用来克服一切坏情绪。

小朋友，仔细想一想，你的烦恼来源于什么呢？其实，归根结底，是因为你总是看到事物不好的一面，所以想一想事情好的另一面吧。你说地上有阴影，那是因为你总是低着头！迎着太阳走，把那黑暗的影子永远抛在身后。

自我松懈时能产生坏情绪

这种情绪常常产生在大型考试之后。在千辛万苦终于达成目标后，精神松懈下来，学习步调也放慢了，做事开始变得懒散。

受到外界的打击容易出现坏情绪

遇到家庭的变故、意外事件的发生，学习中的挫折等等，尤其需要把这种烦恼告诉别人，倾诉之后心里会舒畅很多。

性格因素有时也会导致坏情绪

有的小朋友的性格内向、自我封闭，遇到什么不愉快的事情只是一个人生闷气，产生坏情绪后没有及时把它释放出去，这样对小朋友的身心以及学习、生活都不利。

AQ加油站

小小许愿瓶，带走大烦恼

准备工具：纸、铅笔、一个小瓶子

游戏起因：有些时候，我们会觉得内心有一种莫名其妙的难过情绪，比如说因为妈妈的一句责骂，因为老师的批评，或者因为和好朋友的一场误会……这个时候，如果不及时把这种情绪发泄一下，很容易压抑我们本来快乐的心情。每当这个时候，你不妨把这些“灰色的记忆”用铅笔写在一张纸上，然后把它们放在小瓶子里。

游戏方法：

1.当心情不好的时候、当不愿向别人倾诉你现在的烦恼时，你就可以把这些不好的情绪用纸和笔写下来。然后在最后写下你的心愿：你希望事情应该是怎样的。

2.当你把这些让你烦恼的情绪写下来后，把这张纸片折成小三角形放在小瓶子里，盖上盖。这时，你会发现，自己的坏心情连同自己的希望已经装在瓶子里了，这时你会轻松很多。

3.当小小的瓶子装满了你的坏心情记录和美好的心愿时，你可以把这个小瓶子放到一个漂流的小河里。它会把你的坏心情带走，也会带着你那些美好的心愿驶向更远的地方。这也许能成为你童年最美好的回忆，它会让你乐观和坚强。

9 强健的体魄和坚强的意志力

强健的体魄和坚强的意志力是培养逆商的坚实基础。不论你拥有了多么高的智商，如果没有一个好的身体，那就不可能尽情地发挥你所具备的各种潜能。

据说，和 10 年前相比，现在的小学生体重有了一些增长，但体力却不如以前的学生。不仅如此，肥胖症的患者也大大增加。为什么会产生这些现象呢？很大一部分原因是锻炼身体的机会减少的缘故。过去的孩子们喜欢和朋友们在户外活动，这样他们就在不知不觉中进行了锻炼。

各位小读者，如果能按照下面的要求去做，你也能拥有强健的体魄。

1.多喝水。多喝水可以保持胃黏膜湿润，成为抵挡细菌的重要防线。为了确保健康，应尽可能让自己多喝水。上学、外出时背着水壶，车上随时放一瓶水，规定吃晚饭时每个人都要喝水，让喝水成为一个好习惯。

2.不必过于干净。免疫系统能对传染性病原体形成免疫记忆，万一再次遇上，可以很快将其消灭，如果太干净，就没有机会通过感染产生抗体，抵抗力反而减弱，并可能导致过敏和自体免疫失调。虽然太干净无益健康，但仍要保持基本的卫生习惯，尤其在上厕所后要把手洗干净，可以防止病从口入。

3.足够的睡眠。睡眠不足会使体内负责对付病毒和肿瘤的 T 细胞数目减少，生病的概率随之增加。专家建议成长中的孩子每天需要

8~10 小时的睡眠，如果你晚上睡得不够，那么白天可以小睡片刻以补足睡眠。

4.多吃蔬果。很多小朋友容易偏食，营养不均衡会造成胃和消化道黏膜变薄，抗体减少，影响人体防御功能。柑橘类水果富含维生素 C，能增加噬菌细胞的数量；强化免疫细胞活力；建立和维护黏膜、胶原组织，以帮助伤口愈合。

5.坚持体育锻炼，增强机体抵抗能力。体育锻炼不仅可以提高人的敏捷性、忍耐力和柔韧性，还非常有益于健康。跑步、跳绳、打羽毛球等这些运动都可以起到很好的锻炼效果。

AQ 加油站

“鬼迷路”

一天晚上，3 个探险家为了抄近路，决定从宽 4000 米的山谷中穿过。他们走了很久，按时间计算应该到达目的地了，但每次总是莫名其妙地回到出发点附近。这就是人们经常说的“鬼迷路”。你知道是怎么回事吗？

答案：

实际上，这些人走了一个圆。人走路时，两脚之间有一定的距离，大约是 0.1 米，每一步的步长大约是 0.7 米，由于每个人两脚的力量不可能完全一致，因此迈出的步长也就不一样，若在白天要沿着直线行走，我们会下意识地调整步长，保证两脚所走过的路程一样长。当在夜间行走辨不清方向时，就无意识调整步长，走出若干步后两脚走的长度就有一定差距，自然就不是沿着直线行走，而是在转圈，这就是“鬼迷路”现象。

10 拒绝诱惑

在美国，心理学家曾做了一个测试孩子们抗拒诱惑力指数的实验。

他们把30个孩子聚到一起，然后给孩子们每人一颗糖果，并对他们说：“现在我们要出去一会儿，要是在我们回来之前谁的糖果还没有吃的话，就会再给他一颗糖果。”

时间一秒一秒地过去了，终于在半个小时后第一个孩子忍不住将糖果给吃了。接下来很多孩子陆续又做了同样的事。等到人们回来时，只有极少数的小孩没有吃糖，于是心理学家遵守承诺，又给了这部分孩子每人一颗糖果。

研究并没有就此结束，心理学家一直在跟踪观察着那些孩子，直到他们长大成人。心理学家发现那些中途将糖果吃掉的小孩大多都碌碌无为，而那些一直坚持到最后的小孩都做出了一番大事业。

这个实验给我们的启示就是，对于一个人的一生，最大的苦难不是挫折，而是诱惑，它们无时无刻不在挑逗你身上的欲望，只有忍住欲望（记住是忍住，不是战胜，人是不可能战胜欲望的，因为那是人性的本能）才可能有更大的成就。忍耐意味着坚持，意味着

痛苦，意味着折磨，所以能忍住诱惑的人才是人才，才是成功的人。

有人曾经说过，一个人的能力有多大，要看他抵抗诱惑的能力有多大。诱惑无处不在，当你学习的时候，窗外小朋友的嬉闹声就是一种诱惑；当你囊中羞涩时，商店里琳琅满目的玩具就是一种诱惑；当你为自己的理想艰苦奋斗时，别人悠然自得的生活就是一种诱惑……

为了理想，你能抵抗这些诱惑吗？

AQ 加油站

增加的菱形

16 根火柴可搭成 3 个大小不等的菱形，而且每次移动其中的 2 根火柴，菱形就会增加一个，连续移动 5 次后，菱形就变成了 8 个。你说这可能吗？

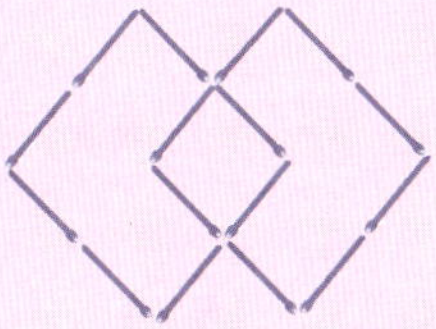

答案：

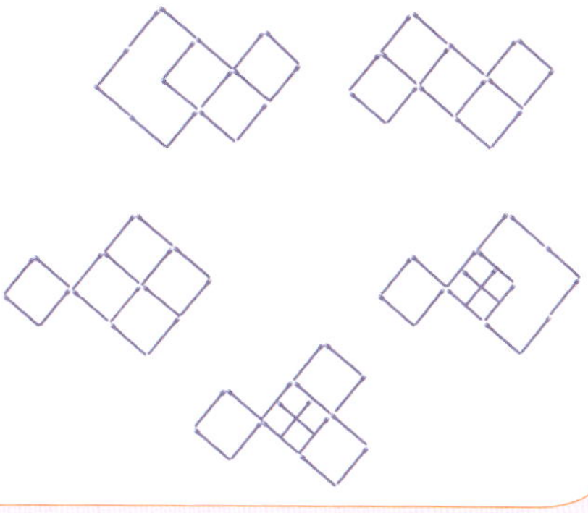

第3章
提升自信力

1 告诉自己你是最棒的

美国黑人民权运动领袖马丁·路德·金说过:“人类所做的每一件事都是抱着希望而做成的。”一个人如果没有了自信,首先就会被自卑打倒,更别说胜利了。

周末,老师带着学生观看了一场颇有知名度的国外马戏团的表演。

“看!”同学们睁大眼睛,指着舞台惊叫道。

原来,舞台上的老虎脚被铁链拴着,而铁链的末端被钩子固定住,似乎只要稍微用一点力气,就可以挣脱。

“老师,万一老虎挣脱了铁链攻击人的话,那怎么办呢?”

“应该不会有那么可怕的事吧。”

“为什么不会呢?”

“老虎从小被拴住,当时它无法用力挣脱,虽然现在老虎已经长得又高又壮,只要用一点力就可以挣脱链子,但它却想都没有想过呢!”

同学们听了,纷纷点头,原来老虎已经失去了信心,所以再也挣脱不掉铁链的束缚。

老师笑着说:“希望大家不要像老虎那样,不管在学习上还是在生活中,不能因遭受了一些挫折和失败而丧失追求成功的欲望和信心!”

没有自信,任何事情都不能成功。一个获得了巨大成功的人,首先是因为他有自信。

自信是一种神奇的力量,它可以使不可能成为可能,使可能成为现实;而不自信会使可能成为不可能,使不可能成为毫无希望。

一分自信,一分成功;十分自信,十分成功。自信可以使你从平凡走向辉煌,所以,你要满怀自信地对自己说:我一定能够成功。

培养自信的方法

1. 每天多激励自己一点点。
2. 养成乐观看待事情的习惯。
3. 积累微小的成功。

AQ 加油站

红豆和绿豆

用一个锅同时炒红豆和绿豆,炒熟后往外一倒,红豆和绿豆会自然分开,请问该怎么炒?

答案:

锅里只炒一粒红豆和一粒绿豆就行了。如此简单的问题,为什么很多人想不出答案呢?原因就在于这个问题突破了人们日常的思维定式和思维习惯。所以,我们在以后的工作或学习过程中,一定要打破思维定式,那样,更有创意的想法就会自然而然地冒出来了。

2 欣赏自己的不完美

一个名叫丹普赛的孩子，一生下来就是个畸形儿，四肢不全，只有半边右足和一只右臂的残端。像每个孩子一样，他希望自己活蹦乱跳能到处玩耍。他喜欢足球，父亲就给他做了一只木制的假足，以便使他能穿上特制的足球鞋去踢球。

丹普赛一小时接着一小时，一天接着一天地用他的木脚练习踢足球，努力在离球门愈来愈远的地方将球踢进去。

渐渐地，他变得有名气了，以至新奥尔良的圣哲队也邀请他做自己的球员。当丹普赛用他的跛脚在最后的两秒钟内距球门 63 米的地方破门时，球迷的欢呼声响彻全场。这是职业足球队当时踢进的最远的球，这次圣哲队以绝对优势战胜了底特律雄狮队。

底特律雄狮队的教练施密特说："我们是被一个奇迹打败的。"

对许多人来说，这真的是一个奇迹。

丹普赛的故事很鼓舞人，其意义远远超越了踢进一个球。不论你身上是否有不完美，不论你是男孩还是女孩，从丹普赛的故事中，你都能从中得到以下启示：

1.能够欣赏自己，并接纳自己的不完美的人，才能创造奇迹。

2.那些能够产生强烈愿望并努力追求崇高目标的人，才能走向成功。

3.那些在逆境中保持积极心态并不断努力的人，才能取得卓越的成绩。

4.无论面对的是何种逆境，只要你确立了前进的目标，努力和劳动就会变成乐事。

启示秘诀

无论是贫穷还是富有，无论是貌若天仙，还是相貌平平，只要你昂起头来，快乐会使你变得可爱——人人都喜欢的那种可爱。

AQ 加油站

不打自招的凶手

一晚，侦探小说作家 A 先生，在家里写小说时，被人用棒球的球棒从背后袭击致死。书桌上的一盏台灯亮着，窗户紧闭。

报案的是住在对面公寓里的张某。他向赶到现场的警察所做的陈述是这样的："当我从房间向外看时，无意间发现 A 先生书房的窗口有个影子高举着木棍，我感觉不妙，所以赶紧给你们打电话。"

精明的刑警听了后却说："你说谎！你就是凶手！"说罢便将张某逮捕归案。

张某说谎的证据在哪里？

答案：

影子不可能在窗口。张某说"窗口有个影子高举着木棍"，这就是谎言。因为桌上台灯的位置是在被害人和窗口之间，不可能把站在被害人背后的凶手的影子照在窗子上。

3 相信自己的力量

在生活中，有些小朋友为自己不够聪明、不够高、不够白、不够苗条、不够美丽等事情而烦恼，他们总是盯着自己的不完美而苛求自己，因此常常自卑。

自信原本就是一种美丽，而很多人却因为太在意外表而失去很多快乐。接受生命中无法改变的事情，学会欣赏自己的不完美。

一项研究表明，对逆境保持乐观态度的人，他的表现更具进取性，会冒更大的风险；而对逆境持悲观态度的人则会消极和谨慎。

反应在自信心方面，自信的人逆商较高，在逆境中往往更容易保持乐观心态，自然也就容易达到成功的目标。缺乏自信的人则表现不积极，容易对前途丧失信心，不去努力争取。

自信心是希望和韧性的体现，在很大程度上决定了一个人如何对待生命中的挑战和挫折。

一个人的心理状态很重要，在潜意识里认为自己是什么样的人，那么他很快就会知道自己应该成为什么样的人，并且最终也会按照自己的想象去塑造自己。

如果他从内心深处觉得自己很重要，并把这种感觉化为一种动力，就能很好地推动自己迈向成功。

有一个年轻人名叫查尔斯，在他 30 岁那年，

他的工厂破产了，也就是在一夜之间，他丧失了所有的财产，成了一个名副其实的穷光蛋。

查尔斯无法面对残酷的现实，心里沮丧透了，几乎想自杀。

有一天，他去见牧师。他流着泪，将自己如何破产、生活如何窘困的事情给牧师细细说了一遍，恳求牧师给予指点，帮助他东山再起。

牧师望着他，沉默了一会儿说："我对你的遭遇深表同情，但是，我却没有能力帮助你。"

查尔斯的希望像泡沫一样一下子全都破灭了，他脸色苍白，喃喃自语道："难道我真的没有出路了吗？"

牧师考虑了一下说："虽然我没有办法帮你，但我可以介绍你去见一个人，他可以帮你东山再起。"

"这个人是谁呢？他真的有这种神奇的力量吗？"查尔斯满腹狐疑。

牧师带领查尔斯来到一面大镜子前，然后用手指着镜子中的查尔斯说："我介绍的就是这个人，在这个世界上，只有这个人可以使你东山再起，你必须首先认识这个人，然后才能下决心如何做。在你对这个没有作充分的剖析前，你不过是一个没有任何价值的废物。"

查尔斯向前走了几步，怔怔地望着镜子里的自己，面容憔悴，毫无精神，不由自主悲从中来，伤心地哭了。

几天后，查尔斯又来见牧师，不过这次他从头到脚几乎是换了一个人，步伐轻快有力，双目坚定有神。

他对牧师说："谢谢您让我重新认识了自己，现在我已找到了一份工作，我相信，这是我成功的起点。"

小朋友，当你遭遇挫折，一蹶不振的时候，不妨让自己在镜前照一照，看着镜中的自己，然后坚定信心地说："你就是我要依靠的人，只有你才能帮我走出困境。"

有趣的字母迷宫

不管怎么样，我想有一句英文你应该懂：I LOVE YOU（我爱你）。好吧，请你把 I LOVE U（这里用 U 代替 YOU）这 6 个字母填入到右面 6X6 的格子里，使每一行、每一列以及每一个分隔的小六宫格里都必须包含 I LOVE U 这 6 个字母。你说容易吗？

	I		E		
E		O			L
	E	V		O	
	L		U	V	
L			I		V
		E		L	

V	I	L	E	U	O
E	U	O	V	I	L
U	E	V	L	O	I
O	L	I	U	V	E
L	O	U	I	E	V
I	V	E	O	L	U

4 做好自己不追随他人

小朋友，当有人问你为什么喜欢某个明星的时候，你能回答出你独到的见解吗？

或许只是因为周围的很多同学都喜欢，现在这个明星很受追捧而已。

当有人问你为什么喜欢在牛仔裤的膝盖上剪几个洞的时候，你的回答也仅限于这样做非常流行。

仔细想一想，这样的答案真的很难让人满意，因为这反映了你是在模仿别人，而且是很盲目的。

小朋友，这并不是批评你所模仿对象的好坏，只是想告诉你，不要把太多的精力耗费在仿效别人身上，你应该把这些精力用在增长智慧和丰富心智上。

遗传学告诉我们，每个人都是独一无二的，过去没有一个完全像你的人，在将来也不会有一个完全同你一样的人。

所以，小朋友，你就是与众不同的，是这个世界的新人。你没必要去极力模仿他人，而要充分利用大自然赋予你的一切，去创造奇迹，走出一条属于自己特色的路。

即便别人确实比你优秀、比你出色，也不要轻易否定自己，因为只有你自己最可能忠于你自己。如果因为羡慕别人而否定自己，甚至失去自我，那么原来的你就失去了价值。你首先要认识自己，然后充满自信地走自己的路。

把下面这首由著名诗人道格拉斯·马尔洛赫所写的诗背诵下来：

如果你不能做一棵青松屹立山巅，
就去做峡谷中一丛灌木——
但要做最好的小树摇曳在溪边；
如果你不能做参天大树，就做一棵矮树乐而无怨。

如果你不能做一棵矮树，就去做一株小草，
把大道装点得更加美丽；
如果你不能做一条大马哈鱼，那就做一尾小鲈鱼也好——
但要做最快活的小鲈鱼在湖中游戏！

如果我们不能做船长，那就做水手，
在这里我们都有广阔的天地。
要做的事巨细都有，而我们必须急事优先。

如果你不能做大道，那就做小路，
如果你不能做太阳，那就做小星；
大小并非决定成败的关键——
不管做什么，
要做就要出类拔萃精益求精。

AQ 加油站

一次通过

这是一幢旧式洋房。你能一次通过所有的门，最后到达⑧号房间吗？

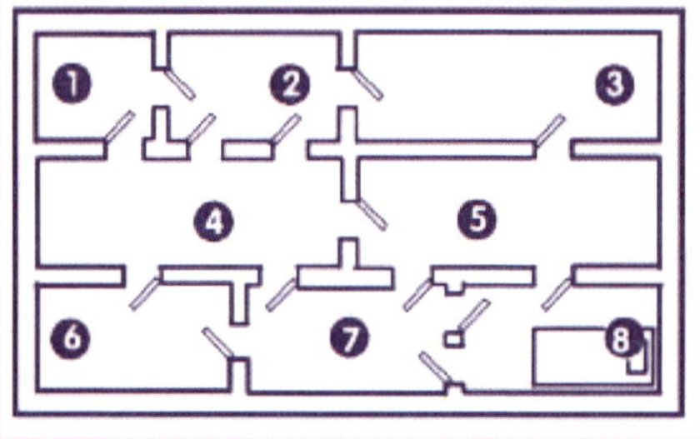

答案：

从⑦号房间开始就可以到达。

如图，只有连接⑦⑧的线条数为奇数，⑧号是卧室，所以从⑦号房间出发可一次通过所有的门。顺序是：⑦→⑧→⑦→⑥→④→①→②→④→②→③→⑤→④→⑦→⑤→⑧

5 PK影视明星

很多小朋友都有一个明星梦，并且把一些明星作为自己心中的偶像。如果，你也梦想成为一个电影明星，就要清楚地认识一些问题，这样自己的明星梦才有可能不至于成为泡影。

首先，你可能认为，只要长得漂亮就有可能成为电影演员。但看一看最近走红的那些电影明星你就会明白，外貌只是成功的一个因素，自己的特色和个性才是演员更具人气的根本原因。

演员的必备素质：

1.出众的演技。

2.流畅地背诵台词的能力。

3.惟妙惟肖的表情。

4.个性化的外表。

5 .表演作品的创新能力。

为了具备成为一名演员的基本素质，从现在开始你就要进行刻苦的训练，你可以在家里对着镜子模仿你喜欢的电视剧的片段，这是一种不错的训练方法。你还可以利用假期参加话剧培训班或者参加社区的戏剧演出，这些都是积累经验、锻炼自己舞台艺术感觉的有效途径。

另外，你也可以把你喜欢的演员的生活照片剪贴成册，从报纸、杂志中，你可以看到很多关于电影演员生活的详细报道。如果你现在还没有一位中意的偶像，也不用着急，你可以通过杂志选定一位，成为他（她）的粉丝，不断研究他（她）的表演风格。

刚开始的时候，几乎所有的人都是在模仿他人的表演风格，经过一段时间的学习和磨炼后，才能渐渐形成自己的个性化表演风格。

还有一个问题，你必须要做到心里有数：演员这份职业是很辛苦的。虽然它看上去很体面、让很多人羡慕，但是，成为演员的道路要比你想象的曲折、坎坷得多。因为，就在此时此刻，还有很多希望当演员的人为了拿到一个配角，一边干着其他行业的工作，一边为了实现自己梦想而努力着。要知道，机会永远属于那些敢于挑战命运并时刻为自己的理想准备着的人。

按下面提示的内容进行表演训练：

1.你正在参加一个超级明星的选秀活动。

2.唱歌是你的强项，你拿着麦克风尽情地唱着。

3.因为你的精彩表演，观众的掌声如波涛般汹涌。

4.你摆了一个很酷的 pose 退场。

AQ 加油站

复杂的图形

数一数右图中有多少个正方形，多少个三角形？

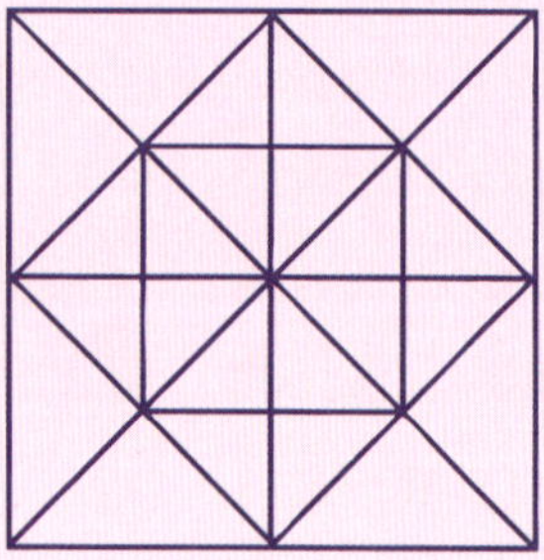

答案：

15 个正方形，72 个三角形。

6 尽量去帮助别人

圣诞节的时候，凯瑟琳得到了一身漂亮的衣服，包括一个可爱的帽子和与之配套的一双鞋，还有美丽的袜子。新衣服穿在身上，好像整个人都变新了。

她蹦蹦跳跳地走在大街上，感觉所有的人都在看她，这种感觉真是太美了。

忽然她注意到商店外面蜷缩着一个老妇人，衣衫褴褛，尤其让凯瑟琳觉得难过的是，这么冷的天，那个老妇人竟然光着脚。

怜悯之情顿时涌上了凯瑟琳的心间，她走过去问道："老婆婆，我把我的袜子给你，希望你节日快乐！"

老婆婆用感激的眼光看着她说："谢谢你，十分感谢你。如果有什么是我最爱的，那就是晚上睡觉的时候有双暖和的脚了，这种感觉我已经记不得了。"

凯瑟琳把自己的袜子给了老婆婆，感觉自己做了一件很有意义的事。老婆婆所说的那句话很让她感动：如果有什么是我最爱的，那就是晚上睡觉的时候有双暖和的脚。

几天后，警察在一个破旧的小屋子里发现了那个老妇人，她已经死了。

据附近的人说，她是个老寡妇，自己一个人艰苦地生活着。他们还说，老人死时看起来一脸的祥和。是什么让她那么满足、安详，却没有人知道原因。

这个世界上如果只有一个人知道原因的话，她就是凯瑟琳。

小朋友，你知道吗，很多时候，你一个小小的付出，能让别人得到很大的满足，而你自己也能从中得到一种温暖和快乐。

今后我应该做什么

1.有一颗爱心，为那些需要帮助的人尽一点微薄之力。（如不乱花钱，把节省下来的零花钱用来做一些有意义的事。）

2.有一颗宽容的心，不去计较别人的过失。

3.有一颗感恩的心，记住别人对自己的帮助。

4.最后记住一句话：在这个世界上，有人因为你的爱心而变得快乐，这是你快乐、幸福的源泉，并且也是你积极向上的动力。

AQ 加油站

填色游戏

将这些六角形分别涂上红、黄、蓝和绿色，使得：

1.每种颜色的六角形至少有 3 个；

2.每个绿色六角形正好和 3 个红色六角形相连；

3.每个蓝色六角形都正好和 2 个黄色六角形相连；

4.每个黄色六角形都至少各有一边分别和红色、绿色和蓝色六角形相连。

答案：见 177 页图。

7 把微笑挂在脸上

小朋友，你的人缘好吗？

如果你的人缘不好的话，那原因只有一个，那就是你忘记微笑了。

反思一下：我会笑吗？我经常把微笑挂在脸上吗？

你有没有发现，你一笑，周围的人也都跟着笑了。这就说明，微笑具有很神奇的力量。它不但让自己更招人喜欢，也能给身边的人传递一种和谐的符号。

那你为什么不微笑呢？

是因为这次期末考试成绩没有考好？还是因为和好朋友闹了点儿小别扭？或者是因为受到了妈妈的责怪……

也许这些都是借口，真正的原因是你没有把面带微笑当成一种习惯，始终忘记把微笑挂在脸上。

把面带微笑养成一种习惯吧，因为，懂得微笑的人，在遭受挫折的时候依然会怡然自得；而失去它的人，即使在处处如意的时候，也是郁郁寡欢。

其实，微笑也是一种学问，真诚友好的微笑，很迷人；而虚伪做作的笑，会让人感到很不舒服。

微笑的方法

1.微笑一定要发自内心，表情要自然。

2.最美的微笑是露出上排6到8颗牙齿，眼睛一定要带有笑意，不能生硬死板。

3.不妨对着镜子练习：先用手遮住嘴，看自己的眼睛是否在笑。

微笑的益处

1.人的五官和脏腑是相互联系的，微笑的时候，人的表情放松了，脏腑也就放松了，因而有通气活血的作用。

2.微笑能使心理得到放松。比如当你上台演讲很紧张的时候，微笑可以缓解你的紧张情绪。

3.微笑对待别人，会让自己更自信，也会让自己得到更多的机会。

AQ 加油站

都喜欢听的字母

26 个英文字母中哪两个字母很多人都喜欢听呢?

答案

8 有梦想就要肯定自己

有一家制鞋公司，为了调查某热带地区是否有销售鞋子的市场，特意派遣了两个员工。

两个人到目的地一看，那里的居民基本上都是光着脚的，两个人完成了市场调查后，各自用快递向公司发了一份报告。

第一份报告的内容是：

在这里，几乎找不到穿鞋子的人，当地居民甚至不知道什么是鞋子。因此，我认为公司来此处开发鞋子市场势必会失败。

公司老板接到了这份工作报告后感到非常难过。接着当他打开另一份工作报告时，老板则激动得从座位上跳了起来，说："这样的想法坚定了我的信念。"

小朋友，你想一下，这第二份报告的内容是怎样的呢？

原来第二份报告是这样写的：在这里，几乎找不到穿鞋子的人，因此这里的市场前景很广阔。我认为可以在这里大量销售我们的产品。

面对同一种情况，两个人却是截然不同的见解。一个人持积极的看法，而另一个人持消极的看法。

最终，公司在当地打开了市场，销售出了许多鞋子，第二份报告的意见得到了验证。

心有梦想的孩子们，一

定要养成积极面对问题的态度。比如，你长大想当一名画家，就一定要自信地想：“我长大后一定会成为一名画家的。”那么，从这一刻起，你就想我怎么样才能成为一名画家；相反，如果你认为这一切都不可能实现的话，你就不会为成为一个画家而付出任何努力了。

请记住，为了唤醒沉睡在体内的各种潜能，最重要的莫过于你对自己的肯定。

AQ 加油站

歪打正着

欧皮皮陪马琪琪去一家商店买东西，马琪琪挑选了 4 件小饰品，欧皮皮心里算了一下，总共 6.75 元，其中有一件只有 1 元钱。马琪琪准备付钱时，欧皮皮发现店主用计算器算价时按的不是加法键，而是乘法键！他正准备提醒店主时，却奇怪地发现，计算器算出的数字也是 6.75 元。店主没按错数字。那么，你知道这 4 件小饰品的单价各是多少吗？

答案：

4 件小饰品的单价分别为 1 元、1.5 元、2 元、2.25 元。

第 59 页答案

是梅花 9。花色的顺序是红桃、梅花、方块、黑桃循环。点数顺序依次加 2，加 3、4、5、6……

9 别担心，你也可以

很多年前，有几个白人小孩在公园里正玩得高兴，就在这时，一个卖氢气球的老人推着小车来到了公园。

白人小孩一窝蜂地跑了过去，每人买了一个气球，然后将其放飞。随后，他们兴高采烈地追逐着那些在天空中飘舞的彩色气球。

与此同时，一个黑人小孩正蹲在公园的一个角落，只是羡慕地看着白人小孩在嬉笑，因为他觉得自己是黑人，所以不敢和那些白人小孩一起玩。

当那些白人小孩嬉笑着离开公园的时候，黑人小孩才怯生生地走到卖氢气球的老人的车旁，用略带恳求的口气说道："您可以卖给我一个气球吗？"

老人温和地说："当然可以，你要什么颜色的？"

那个黑人小孩鼓起了勇气说："我要一个黑色的。"

老人顺手把那个黑色的氢气球给了那个黑人小孩。黑人小孩开心地接过气球，然后手一松，黑色气球飘在了空中。

老人和黑人小孩高兴地看着在天空中飘扬的气球，只听老人亲切地对黑人小孩说："孩子，你记住，气球之所以能够升起，是因为气球内充满了氢气，而不是因为他的颜色。对一个人来说，成败也不是因为种族和出身，最为关键的是心中有没有自信。”

秘诀提示

自信心是成功的钥匙，人有了自信，就可以战胜很多的困难。

假如你唱歌唱得很好，千万不要想：“世上比我唱得好的人很多。”这样会让你感到很自卑，而从此一蹶不振。自卑会吞噬掉一个人才能的萌发。拿出自信，你的想法和行动就会有一个巨大的变化。

所以，任何时候都别担心，你一定行。

AQ 加油站

没有上锁的房间

小张被关在一间并没有上锁的房间里，可是他用尽力气也不能把门拉开。这是怎么回事？

答案：推开门就行。

10 扭曲的自尊心

20多年前,英国沿海港区发生了一件惊天动地的案件。

一名海军部队某登陆艇的士兵，开枪杀死了艇上的18名官兵，最后引火自焚。然而,事件的起因却是登陆艇在出发的前一天,军官开会批评了一位违反纪律的士兵,刚开始的时候那名士兵感到不服气,后来转而由受到批评而想到自己的前途渺茫,一想到自己这辈子这么无望了,他就开始仇恨起了整条船的官兵。

白天航行时他沉默不语脸色变得极为凝重,但没有一个人想到他会做出什么过分的事情来,只是认为他挨了批评,年轻人可能是因为自尊心比较强,过些日子就没事了。

可是没有想到,一件悲惨的事情发生了:在一个漆黑的夜晚,趁着士兵们都熟睡的时候,他像一个幽灵,潜进了大统舱里,他把住舱门,端起冲锋枪向他的战友们扫射，然后他又到了军官舱、报务房去继续杀戮。当他觉得这艇上没有第二条生命的时候,便跑到了机舱里引火自焚。

在这起恶性凶案事件中，有18位年轻的官兵被这个丧失理性的士兵杀害了。

引发这个恶性事件的原因是这位士兵的自尊心过于强烈，经受不住一点儿批评。这种人过分夸大个人的委屈，他们把很小的名义上的污点夸大为人生的奇耻大辱，把别人对自己的一次批评看做是自己再也不能上进的判决书，把可能遭受到的一点处分看做是已走上了绝境。

小朋友，请你记住，过度的自尊心其实正是自卑的体现，它会让人经受不住一点挫折，失去自我控制的能力。正确地对待他人的批评，是拥有自信的一个表现。

AQ加油站

一个奇怪的人

一个没有双眼的人，看到树上有李子。他摘下了李子却又留下了李子。想一想，这是什么道理？

答案：

很简单，他没有双眼，但有一只眼睛。他看到了树上有两颗李子，摘下一颗并留下一颗，所以他认为摘了李子也留下了李子。

第4章
提升耐挫力

1 跌倒了，算什么

相信每一个小朋友都有跌倒的经历，其实，在每个人的一生中，都有无数次的跌倒经历，重要的是跌倒后要自己爬起来。跌倒后爬起来的体验，就是一次成功的体验，为你下一次的跌倒提供了免疫力。

你一定听说过林肯吧，他就是美国历史上第16届总统。他不仅解放了黑人奴隶，还领导北方在南北战争中取得了胜利。他提出的“民有、民治、民享”的名言，一直作为民主的真谛而广泛流传。

别以为林肯所取得的成绩是因为一路上有幸运之神的眷顾，其实，林肯是在经历了无数次跌倒、失败后才走上了成功之路，成为美国总统的。

让我们来数一数林肯一生的重大遭遇吧：

跟头1：1831年，第一次深深体会到事业受挫的苦涩滋味。

跟头2：1832年，在州议会选举中落选。

跟头3：1833年，再次投资新的事业仍以失败告终。

转机1：1834年，经过锲而不舍的努力，当选州议会议员（成为他从政的契机）。

跟头4：1835年，失去爱妻后患上了严重的神经衰弱症，十分痛苦。

跟头5：1838年，在下议院选举中落选。

跟头6：1840年，在选举人团选举中落选。

跟头7：1843年，在下议院的选举中再次落选。

转机2：1846年，在下议院选举中获胜。

跟头8：1848年，再一次在下议院的选举中落选。

跟头 9:1855 年，在上议院选举中落选。

跟头 10:1856 年，在上议院选举中再一次落选。

转机 3:终于在美国第 16 届总统大选中获胜，就任美国总统。

从林肯一生的重大经历来看，他经历了很多次挫折和失败，但他总是百折不挠，毫不气馁。小朋友，当你身处逆境的时候，一定要想一想林肯的经历，一定要鼓励自己像他那样坚定执著。胜利是属于那些永不屈服的人。跌倒时告诉自己：不能哭，爬起来！

AQ 加油站

为什么没受伤

阿飞是一位优秀的空降兵。有一次，他乘飞机去执行一项任务。飞机上高空不久，阿飞从飞机座椅上跳了下来，降落伞没有打开。可奇怪的是，他却安然无恙。你知道他有什么神奇的本事吗？

答案：

别去想他有什么神奇的本事了，他只是做了一件连你也能做到的事，即从座椅上跳到了机舱里，当然不用担心安全问题了。

2 换一种思维的智慧

小亚细亚北部城市戈尔迪的卫城里有一座供奉天神宙斯的神庙，神庙里一辆战车上有一个用山茱萸绳结成的绳结，相传那是弗里基亚的国王系上去的，而且有神谕说：能解开这个绳结的人将来就能成为亚细亚之王。

可是几百年过去了，无论是智者还是能工巧匠都没有能够解开这个绳结，因此这个解不开的绳结就被人称为“戈尔迪之结”。

公元前 334 年春天，马其顿王亚历山大率领军队开始了对皮斯的远征，同年的冬天，亚历山大来到了戈尔迪。

听说这个预言之后，亚历山大很想去看一看，因为这和他远征的目标正好一致。他来到神庙里见到战车之后，左思右想，怎么也想不出解开的办法。但是，他突然抽出佩剑向那个结扣用力砍去！转眼间，那个结扣就被解开了，他终于如愿以偿地当上了欧洲的君主，成了有名的亚历山大大帝。

如果亚历山大也像那些人一样陷入了固有的思维模式，那他肯定和他们一样不能逃脱失败的结局。正是因为亚历山大换了一种思维，跳出了要把结扣一点点解开的旧思维模式，才轻易地解决了这个问题。

有智慧的人其共同点之一，就是他们能跳出人们习惯的思维模式进行创造性的思考。不会进行创造性思考的人，都不能获得成功。

比如说，一个幽默大师，他每次表演都是毫无变化、千篇一律，观众还能喜爱他吗？

如果你想唤醒沉睡在体内的智慧潜能，那就抛开“如果不这样，就得那样”的固定观念和套路，用只属于你的个性化创意来解决面临的问题吧。

AQ加油站

哪颗行星

答案：

还用问，当然是我们生活的地球了。只有在地球上，你不必穿太空服，太空中有没有别的行星能如地球般让你可以在其上面自由生活，到目前为止应该说还没有找到。

3 做一个活力四射的人

你以为做一个活力四射的时尚酷人，一定得是帅哥美女吗？

这可不一定，枯燥乏味、思想浅薄的帅哥美女多得是，不信，留意一下周围的人，你就明白了。

人生最大的幸福，是要找到自己感兴趣的事来做，这其中蕴藏着丰富的创造力和乐趣，这样的人也更容易获得快乐，更能保持积极的心态。

有一位小朋友，不仅对养花养草有兴趣，还喜欢参加国际夏令营，他既不胆怯，也不怕语言障碍，玩得过瘾，还交到了朋友。没别的原因，只是因为他对新奇事物充满了兴趣。

因此，人生最大的悲哀，就是找不到自己感兴趣的事。这样，你就会失去原本的活力。

人生是无尽的宝藏。每个人都应该从中挖掘自己的最爱，才不会空手而归。万不可将自己的青春和活力白白浪费了。一个人最可惜的是无法充满激情地过日子，活泼的心灵是成长的动力，一个生机勃勃的人肯定会有勇气克服一切困难。

讨人喜欢的N个原则

原则1：长相不要让人讨厌。如果相貌一般，就让自己有点才华；如果才华也没有，那就保持微笑。

原则2：气质很关键，如果不够时尚，宁可淳朴。

原则3：不必什么都用“我”做主语。

原则4：坚持在背后说别人的好话，别担心这好话传不到当事人的耳朵里。

原则5：不要把过去的事情全让人知道。

原则6：尊敬不喜欢你的人。

原则7：为每一位上台表演的人鼓掌。

AQ加油站

比周长

如图，大圆中有4个大小不同的小圆A、B、C、D，小圆两两相切，且4个小圆的圆心都在大圆的一条直径上，A圆和D圆与大圆外切。请问，4个小圆的周长之和与大圆的周长比较，哪个长？

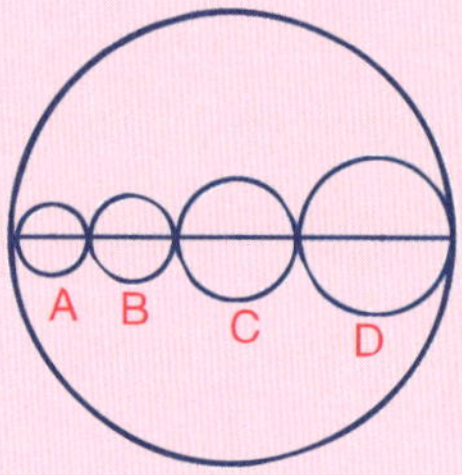

答案：

一样长。圆的周长是直径与圆周率的乘积，而4个小圆的直径之和刚好等于大圆的直径，圆周率是一定的，所以两者当然相等。

4 自我调控

有一个人去一个大公司应聘。面试出来,满面春风,他自认为把握很大,胜券在握。

不料天有不测风云,结果公布的时候他没有被录用,他悲痛万分,羞愧不已,心生轻生的念头,幸好被人及时送到医院才挽回了生命。后来,公司在检查录取工作时发现存在着问题,本来他应该是位居榜首的却未被录取。消息传来,该青年非常高兴。

几天后,公司派人来道歉,但更重要的是告诉他已被取消了录取资格。理由是:一个小小的挫折都经受不起的人,是不可能在竞争激烈的商界为公司创造财富的!

在现实生活中，有很多人像上面那个人一样心理极度脆弱，受不了一点点委屈，很多小朋友在一些大型考试中，经常会有头晕、耳鸣的现象发生，甚至，还出现过小朋友自杀的现象。考试时有点紧张属正常现象,如情绪过分低落就要尽快克服这种有害情绪,免得越陷越深,以至超过了自己的心理承受能力,酿成悲剧。

下面几种方法，也许可以提高你对逆境的承

受能力。

方法一：找个朋友来倾诉

找个你所信任的、谈得来的知己，互相倾诉，把你在逆境中的喜怒哀乐尽情地讲给他听，不让内心存在任何消极、不利的情感和情绪。这种方法其实就是传统心理治疗法里讲的情感宣泄法，把你心中的郁闷、烦恼早早发泄出去，便可以避免因为消极情绪的刺激，而引起的大脑皮层的高级神经活动过程中的兴奋与抑制功能失调。

方法二：自我安慰法

人除了需要别人的安慰之外，自我安慰有时也很重要，当自己陷入了一个困境时，适当地找些说得过去的理由加以宽慰，往往能化解心中的烦恼。不要总是垂头丧气，对自己说说宽慰的话，就能帮助自己走出低谷。

方法三：鼓舞斗志法

当机会从自己手中溜走时，不免有惋惜之情，自责、失落、追悔、消沉等不良情绪便会乘虚而入，搅得你心烦意乱。当机会失去让你悲叹时，你就要尽量缩小因这次挫折带给你的负面效应，从幻想中解脱出来，昨天的机会一去不复返，重要的是去把握新的机会。

AQ 加油站

丁丁的生日

一位阿姨问丁丁的年龄。丁丁想了一会儿说："前几天我是 11 岁，明年我将 14 岁了。”

请问：丁丁的生日是哪一天？阿姨是在哪一天问丁丁的年龄的？

答案：

丁丁的生日是 12 月 31 日，阿姨是在 1 月 1 日问丁丁的。

5 丰富生活,转移注意力

逆境,有时就像一片乌云,笼罩在一些经历挫折的人的头上。如果你的注意力过于集中在这片“乌云”上,就有可能产生不健康的心理定式,甚至有神经质的现象。如何在逆境中、在困难条件下取得胜利和成功,下面的这篇文章将告诉你一些行之有效的方法,你要仔细看看,并在你的实际生活中尝试着去做,相信会对你产生意想不到的效果。

做人是件不容易的事,尤其是做个有品德、有才华、有学识的人,更是件很辛苦的事。因此,一定要正确对待前进中的困难和挫折,既要在思想和能力上重视,更要在心理上藐视,决不能被它所吓倒。成功来自你对所选择的道路由衷的热爱,并肯为它付出一切心力。适时地转移一下自己的注意力,也是一种走向成功的迂回路线。

秘诀 1:遗忘处理转移法

生活是不断变化的,人总是在“遗忘—记忆—遗忘”这样一种循环往复中生活的。然而,生活中又确实需要“遗忘”,当你深陷逆境时,不要为自己的思想留有大块时间,应该让自己忙碌起来,让自己在忙碌中遗忘掉痛苦的事。这样,你就会信心倍增,干劲十足,慢慢地快乐起来。

秘诀 2:积极交往沟通法

逆境中的人常有自卑感,他们害怕与人交往,这往往会使自己的处境更加糟糕。因为,人是社会的人,希望得到关心和注意是人类行为的基本动机之一。关心别人,帮助别人满足需要,这样你在他人生活中的重要性就增加了。别人自然也就会来关心你、帮助你,这不仅有利于你沟通感情,促进心理健康,还有利于你自己走出逆境。

秘诀 3:娱乐法

当你身处逆境陷入深深自我烦恼之中时, 不妨通过自我娱乐来解除烦恼,走出逆境。你可以和朋友爬爬山、打打球,也可以在假期里参加一些夏令营或与父母出去旅游,这样可以缓解压力,从而使情绪得到排解。

AQ 加油站

水果密码

经过破译敌人的密码,已经知道了“香蕉苹果大鸭梨”的意思是“星期三秘密进攻”,“苹果甘蔗水蜜桃”的意思是“执行秘密计划”,“广柑香蕉西红柿”的意思是“星期三的胜利属于我们”。那么,“大鸭梨”的意思是什么?

答案:

进攻

6 一定要有跑赢的勇气

先读一读这个哲理故事：

在辽阔的非洲大草原上，当黎明的晨光刚划破夜空，一只羚羊从梦中猛然惊醒。

“赶快跑！”它想到，“如果慢了，就可能被狮子吃掉！”

于是，羚羊起身就跑，向着太阳飞奔而去。

就在羚羊醒来的同时，一只狮子也惊醒了。

“赶快跑！”它想到，“如果慢了，就可能被饿死！”

于是，狮子起身就跑，也向着太阳飞奔而去。

一只是自然界兽中之王，一只是食草的羚羊，等级差异，实力悬殊，但面临着的是同一个问题：为了生存而奋斗！

这虽然是一则有关物竞天择、适者生存的小故事，但其中包含的智慧可以应用在人生的方方面面。

想一想，刚出生的时候，每个人都是一样的。长大后，随着环境的变化，有的会变成狮子，有的会变成羚羊。然而，在这个世界上，每个人所面对的竞争和求生的挑战都是一样的。正如狮子和羚羊，不管你是什么，你都要面对生活的挑战。如果你是狮子，你得为猎取食物而奔跑；如果你是羚羊，你得为躲避狮子的进攻而奔跑。

同样，生活在这个社会里，每个人都扮演着不同的角色。但是，不管你以何种身份出现在这个世界上，你都要不断地谋求进步和发展自己，不断地超越对手，并保持优势。总之，想要很好地生活，就得跑得比别人快。

秘诀提示

你一定要有跑赢别人的智慧和勇气，从而不断地锻炼跑赢别人的能力。不管你现在成绩是好还是差，也不管你将来的理想是当科学家还是做企业管理者，从现在开始，每天睁开眼睛第一件事就是要提醒自己：“我要加油，努力向前，否则，我就会饿死或者被吃掉。”

AQ 加油站

真假命题

这又是一个关于“否定”的问题！

如果“想象力虽不够丰富，但却充满生命力”这个命题是假的，那么真命题应该是下面的哪一句话？

1.想象力很丰富或缺乏生命力。

2.想象力很丰富且缺乏生命力。

3.想象力很丰富但缺乏生命力。

4.想象力不够丰富且充满生命力。

答案：

正确的答案应该是:1.想象力很丰富或缺乏生命力。

原来的命题是用“但是”连接前后两句的,所以否定句就该用“或”来连接。下面再来说明一下:

假如只有“想象力很丰富”这个条件,原本的句子就不成立了。这时是否“充满生命力”也就不重要了。

假如只有“充满生命力”这个条件,原本的句子也不成立。这时“想象力丰富”与否也就不重要了。

两项都是对的,所以用“或”连接。

7 坦言与善待

沈从文是我国著名的散文大家，深受众多读者的喜爱。1928 年，他被当时担任中国公学校长的胡适聘为该校讲师。

当时的沈从文已 26 岁，学历却只有小学文化，当他带着一身泥土气，闯入了十里洋场的上海后，时间不长，即以一手灵气飘逸的散文震惊文坛，声名鹊起。

但是，名气不是胆气，在他第一次走上讲台的时候，除原班学生外，慕名而来听课的人很多。面对台下满堂渴盼知识的莘莘学子，这位大作家竟整整站了 10 分钟一句话也说不出来。后来他开始讲课了，而原先准备好的要讲授一个课时的内容，被他三下五除二地 10 分钟就讲完了，离下课时间还早着呢！

但他没有天南海北地瞎扯来硬撑“面子”，而是老老实实拿起了粉笔在黑板上写道：“今天是我第一次上课，人很多，我害怕了。”

于是，这样老实的、可爱的、坦率的沈从文，引得全场爆发出一阵鼓舞的掌声……

胡适知道后，评价这次讲课时，对沈从文的坦率，他认为是成功的。

人这一生难免会遇到失败，大到伟人、名人都留下过许多失败的足迹，更别说我们这些小人物了，从这一

角度而言，失败并不可怕，可怕的是自己不能够对失败有坦然面对的态度。

坦然地面对失败的前提，需要有光明磊落的胸襟和正视自己的勇气，善待失败应是对自己失败的原因有所了解和总结，从而才有改进的举措，成竹在胸，这样就不会重蹈覆辙。

只有这样的既敢“坦言”又能“善待”的失败才会成为“成功之母”。

沈从文坦然对待第一次上课的失败，找到失败的症结，以后兢兢业业地做自己的工作，讲课终于能挥洒自如了。后来他辗转任教各大学，一直备受学生的推崇，这也就为他日后在文学上取得辉煌成就找到了“成功之母”。

启示秘诀

面对挫折、失败，一定要有良好的心态，吸取教训，努力改进。坦言失败，永不退却，这才是成功的关键。

AQ 加油站

3个人猜拳

吉姆和亨特一块儿猜拳，总是分不出胜负。

于是吉姆想：“如果再让一个人加入我们的游戏的话，就不会出现这么多次平手了。”你觉得吉姆的想法对吗？

答案：

不对，两个人猜拳的排列组合有 9 种，有 1/3 的机会是平手。而 3 个人猜拳时的排列组合会有 27 中，平手的机会是这样的：

石头：石头：石头，石头：布：剪刀，石头：剪刀：布

剪刀：石头：布，剪刀：剪刀：剪刀，剪刀：布：石头

布：石头：剪刀，布：剪刀：石头，布：布：布

是九种。因此两个人猜拳平手的机会和三个人猜拳平手的机会是一样的，都是 1/3。

8 小家伙,大志向

当李嘉诚还是个孩子的时候,有一次,他的爸爸带着他到了汕头的海边。当他看见那些往来如梭的巨轮在海中航行的时候,年幼的李嘉诚觉得这真是一件了不起的事情。于是,他指着大船对父亲说:“爸爸,我将来也要做大船的船长。”

父亲高兴地对儿子说:“好孩子,真有志向!但是,做一个船长非常不容易,他必须考虑很多问题,思考必须很全面。”父亲把手放在李嘉诚的肩膀上,说:“你看,现在的天气很好,船只在海面航行就比较安全。但是,如果出海后,风暴来了怎么办?作为船长,就得提前想到这种情况,提早做好一切准备工作。其实做任何事情都要像做船长一样,预先考虑周全,随时准备应付一切问题。”

这样,李嘉诚从小就树立了做船长的志向,并向着这个目标不断努力。虽然,他最终没有做成船长,但是他一直以船长的意识去经营他的公司和人生。他喜欢把自己的人生比作一条船,他曾经自豪地说:“我就是船长,我就是这条航行在波峰浪谷中的船的船长。”

看来,一个人有了志向,人生就有了目标,为此,他就会严格要求自己,当遇到困难时,他也不容易妥协,当然他成功的概率就更高。

AQ 加油站

缝隙有多大

假定地球是一个极大的标准圆球，现在有一根长绳子，它比地球赤道周长还要长 10 米。如用此绳子将地球等距离（在赤道上）围住，那么在地面与绳子之间还有一道小小的缝隙。请问这个缝隙够不够一头猪（高 70cm）不用碰到绳子就能走过去（不许跨过去）？

答案：

不仅一头猪可以走过，甚至你也可以走过去，如果你的各子不高的话。设地球的半径为 R，绳子与地球的间距为 h，则有：$2\pi(R+h)-2\pi R=10$ 即 $h=5/\pi$，所以，这条绳子与地球产生的间距约有 1.6 米高。

9 挑战极限

数十年前科学家们曾经预言，人类百米短跑的速度不太可能突破 10 秒的极限。只有在顺风的情形下,借助风力或许才能做到。

一天,一位运动员宣称要在奥运会上打破 10 秒的纪录。听了他的话,很多科学家都来劝他:“世界纪录就是 10 秒,想打破 10 秒的纪录简直是天方夜谭！”“不要妄想了,如果真的那样的话,你的心脏会因为承受巨大的压力而破裂的。”

但是那个运动员真的打破了 10 秒的极限！他的心脏也没有出现什么异常的反应。

目前百米短跑成绩突破 10 秒的运动员已大有人在了,我们遇到别人的质疑时,就要有这种敢于挑战极限的勇气。

因为在我们体内,蕴藏着许多根本无法用科学计算的潜能,但是这并不意味着随便的异想天开就能开发出来。如果想挑战极限,还要记住下面的秘诀:

1.定下你所能实现的目标

不切合实际的目标只会影响你的奋斗欲望,如果现在你只能做 20 个俯卧撑，从第二天开始一定要做 200 个的话,结果只能以失败而告终。

2.切忌半途而废

如果定下了奋斗目标,就要为实现梦

想而努力。想一想实现了目标后的情形吧，千万不要一碰到困难就半途而废。

3.坚持不懈地进行体育锻炼

体育锻炼不仅能够提高人的敏捷性、忍耐力和柔韧性，还非常有助于提高自己的心理素质，从跳绳、打羽毛球这些既简单又有意思的运动开始锻炼吧。

AQ 加油站

细心的警察

李明是某大公司的总裁，最近报纸登出这家大公司濒临破产的消息。消息刊出不久，李明就失踪了。两天后，人们发现他死在他郊外的别墅中，是被刀片割断喉咙而死的。

警察在调查中了解到，李明死前曾购买了巨额人寿保险。保险条款中规定，如果李明死于意外，将会获得赔偿，受益人是他太太；如果死于自杀，则不能获得赔偿。

警方初步断定，这是一起保险诈骗案。李明属自杀，他企图造成一种他杀的假象，但是警方在房间里找不到自杀用的刀片。按照常理，人自刎之后不可能还有力气把刀片扔到别处。

最后，有一个细心的警察在死者旁边发现了一些鸟的羽毛，这个问题便迎刃而解了。

你知道为什么吗？

答案：

秘密在于鸟。李明把刀片绑在鸟的爪子上，自杀以后，鸟由窗口飞走，带走了凶器。

10 经常自我反思

相信所有的小朋友都经历过一些不愉快：不慎失手打碎了妈妈喜爱的花瓶，考试没有及格，和好朋友闹了矛盾……这些类似的事情，在当时你的眼里也许都是一件件糟糕透顶的事。但是，这样的事情过去许久后，你是不是发现这些事情根本不算什么，原来自己可以承受。

小说家波克拉曾经认为除了双目失明外，她可以忍受生活上的任何打击。后来，在她 50 岁的时候，她双目失明了，她依然坚强地活着，后来她曾在自己的一本传记里写道：“原来失明也可以忍受。人能承受一切不幸，即使所有感官都丧失知觉，我也能在心灵中继续活着。”

著名的话剧演员波特莱尔也是这样一个达观的女性，她在四大洲各地的戏剧舞台上演出了五十多年。当她 71 岁住在巴黎时，突然发现自己破产了。更糟糕的是，她在乘船横渡大西洋时，不小心在船上摔了一跤，腿部伤势严重，引起了静脉炎，医生认为必须把腿的患处截肢，但又不敢把这个决定告诉她，怕她承受不了这个打击。可是他错了。波特莱尔注视着这位医生，平静地说：“既然没有别的办法，就这么办吧。”

手术那天，波特莱尔在轮椅上高声朗诵

戏剧里的一段台词，有人问她是否在安慰自己，她回答：“不，我是在安慰医生和护士，他们太辛苦了。”

后来，波特莱尔继续在世界各地演出，又重新在舞台上工作了7年。

看来，人在身处逆境时，适应环境的能力真是惊人。人可以忍受不幸，也可以战胜不幸，因为人有着惊人的潜力，只要立志发挥它，就一定能渡过难关。

AQ 加油站

奇怪的撞车事件

一位卡车司机撞到了一个骑摩托车的人，结果卡车司机受重伤，而骑摩托车的人却没事。这是为什么？

答案：

卡车司机在步行。

第5章

提升处理力

1 搞定经常欺负你的人

很多小朋友都曾遇到过被暴力恐吓或受欺侮的情况，这不是你的错，错的是欺负你的人。但是，怎样才能让自己不再受欺负进而搞定这样的人呢？

首先你不要忍气吞声，因为没有人应该被欺负。但也不能采取过激的行为肆意报复。其实，找老师、找家长或找你可信任的其他成年人，告诉他们事情的真实情况是一个比较好的方法。因为只要有人倾听你的遭遇，就会让你感觉安全一些。并且他们还会支持你，给你些建议，帮助你解决问题。

另外，学校都有严格的反暴力政策，你的老师对于处理这类事件一定有很丰富的经验，你要相信他们。

还有，要坚强，要有自信。欺负人的人大都是一些纸老虎，他们欺负的对象只是那些看起来比自己更软弱的人而已。平时在校园里走路要抬头挺胸，说话办事要敢做敢为，敢于正视别人的目光，为人正直、充满正气。

对于别人的恐吓行为，尽量不要去理会。让那些捣乱的人相信你不害怕他们，也没有被他们的言行伤害到，这样他们很快就自知没趣，不再骚扰你了。

没事的时候，想想应对这种困境的方法，未雨绸缪也是必要的。演练一下如何反击挑衅你的人，哭喊通常只会让情况更糟。一句睿智的话，往往会让你看起来充满自信和控制力，一定要保持理智和镇定。

多结交一些朋友，出行的时候尽量多和朋友们在一起。那些常常欺负人的孩子总是爱把目光投向那些形单影只的人，如果你的身边总是聚集着一些小伙伴，那些人也不会把目标锁定在你身上了。

AQ 加油站

骑马比赛

一场骑马比赛正在进行，哪匹马走得最慢就是胜利者。于是，两匹马慢得几乎停止脚步，这样进行下去，比赛什么时候才能结束呢。在确保能选出最慢者（优胜者）的前提下，你能想办法让比赛尽快结束吗？

答案：

可以让两个骑手交换马匹，这样，两个骑手都想使自己骑着的对方的马跑得快点儿。把“比慢”变成“比快”，所以比赛很快就结束了。

2 学会自己缓解压力

研究表明，心理压力有两种：一种对人有益，另一种对人有害。当一个人对某件事情感兴趣并为做好这件事而付出努力的时候，那就是有益的压力。反之，当一个人对某件事忧虑不安的时候，那就是有害的压力。

很多小朋友在遇到挫折的时候都会有一些精神压力，适当的精神压力是解决问题的动力和必要条件。同理，过度的精神压力容易造成小朋友的情绪消沉和自我封闭。因此，当这种情况出现时，试着给自己做一做心理按摩，让自己放松一下，缓解一下压力。

心理按摩操

方法 1：饮食法

多吃一些富含维生素 C 的食物。如：草莓、苹果、柑橘、柠檬等，有直接减轻心理压力的作用。

方法 2：活动法

适当地运动。在学习间隙伸伸腰、踢踢腿、散散步等，是体力活动与脑力活动的有机结合。

方法 3：转移法

有意识地转移注意力。当复习累了的时候，听听音乐、泡泡热水澡，或者与朋友聊聊天、讲讲笑话等。

方法 4:闭目养神法

在学习的间隙,可以很放松地闭一会儿眼睛,把脑子里的东西暂时清空,想象一些轻松欢快的场景。

方法 5:激励法

告诉自己这个阶段确实努力了,考试只要能发挥出自己的真实水平就可以了。并不断地告诉自己:"我很棒!"

方法 6:深呼吸法

比赛前夕,如果觉得紧张,就长长地吸一口气,让腹部鼓起来,再缓缓地呼出去,你会觉得心跳不那么快了,身体很舒服。

AQ 加油站

分果汁

桌子上有 14 个杯子,其中装了满杯的果汁有 7 杯,装半杯的果汁有 7 杯。现在不能改变任何一个杯子里的果汁的量,你能否将这些杯子分成 3 组,每组不超过 5 个杯子,使得每组果汁的量相同?

答案:

可以这样分:三个满杯一个半杯,两个满杯三个半杯、两个满杯和三个半杯。

3 学会实现目标

美国哈佛大学曾对1000名大学生作了一次有关目标设定的调查。调查结果如下：

27%的人，没有目标。

60%的人，有模糊目标。

10%的人，有明确的目标。

3%的人，有非常明确的目标。

30年后，对这些人的生存现状进行了调查，结果显示：

那27%没有目标的毕业生已经穷困潦倒，靠社会救济及子女赡养惨淡度日。

那60%有模糊目标的毕业生成了蓝领阶层，靠出卖技术和简单重复劳动养家糊口。

那10%有明确目标的毕业生成了白领阶层、专业人士，经济富裕而且能不断进步。

那3%有非常明确目标的毕业生成了各行业的顶尖人物、白手起家的创业者。

由此可见，目标对人生具有巨大的导向作用，有什么样的目标就会有什么样的人生。设定目标，对目标认识有明确的态度，并且为实现目标而付出努力的人，将在很大程度上决定自己的发展道路。

其实，很多小朋友都有自己的理想，从另一种角度来说，可以把实现自己的理想作为目标。因此，设定目标不是一件很难的事，难的是该怎样实现目标。

实现目标的秘诀

秘诀 1:目标的方向一定要正确。

秘诀 2:坚持自己的目标。无论面对什么情况，都不能轻易放弃自己设定的目标。养成珍视目标、坚持目标的习惯。

秘诀 3:学会分解目标。面对一个既定的大目标或长远目标，应该学会去分解，也就是把目标细化。大的目标一旦被分成小的目标，完成目标就比较容易了。

秘诀 4:专注于设定的目标。只有专注于自己的目标，时刻想着自己的目标，每时每刻都向着自己的目标前进，才能真正实现目标。

秘诀 5:有完成目标的详细计划。可以制订一个时间表，包括实现目标的措施、具体步骤等内容。

秘诀 6:用实际行动来实现目标。

AQ 加油站

寻找五角星

你能在右面图中找到一颗标准的五角星吗？

答案:见 121 页。

4 怎样避免无谓的争吵

在日常生活中，我们常常会看见两个人为了某件小事而吵得面红耳赤，小朋友们也不例外，当说服不了别人时，难免会与对方发生争吵，其实这样的争吵，既不能说服对方，也不会给自己带来任何益处。

另外，争吵无论是输是赢，都只会无情地伤害自己或他人，对于事情本身而言，无谓的争吵，只会使情况越来越糟。因此，小朋友们要尽量避免那些无谓的争吵。

秘诀 1：保持语调温和

在双方交谈中，谈话人的声调总是随着问话者声音的高低起伏而起伏。当轻声提问时，得到的是轻声回答；当高声提问时，得到的是高声回答。而声调的高低是情绪的一种体现，因此，我们的声调可以影响他人的情绪。所以，时刻提醒自己尽量保持平和的心态，就可以把别人的情绪控制在你想要的范围内。

秘诀 2:善于夸奖别人

大多数的人都不愿意接受别人对自己的批评,但是当你夸奖他时,他反而能认识到自己的缺点。根据这一规律,我们在指出别人的错误时,最好不要针锋相对,多夸奖一下他的长处。

秘诀 3:主动坦率地进行自我批评

指出别人的错误要间接婉转,但是面对自己的错误,就应该坦率地承认,这是避免争吵的最有效的方法。你犯了错误,知道别人会来批评你,你何不抢先把别人要责备你的话由自己说出来呢。大多数情况下,别人反而因为你的这种态度谅解你,原谅了你犯的错误。

秘诀 4:拥有平静的态度

如果我们想要别人接受自己的意见,而不与之发生争吵,就要放弃激动的态度,采用平静的陈述方法,让对方觉得你是在很客观、公正地阐述你的观点。

小朋友们,无谓的争吵其实大部分也都是因为生活中的一些琐事,拥有暂停一分钟的冷静、三思而后行无疑都是对你很好的警示,最好能成为你为人处世的策略,切莫忘记哦。

AQ 加油站

两个丈夫

一天,两男一女拉拉扯扯吵到县衙里,后边还跟着一对老年夫妇。县太爷一问,原来是一桩婚姻纠纷。

这女子与其中一位男子自小青梅竹马,后来结为夫妻,婚后,丈夫去四川经商,接连几年没有回家,音讯全无。女子不知丈夫在外的情况,心中万分牵挂,宁愿一辈子死等丈夫归来。

这时,另一个男子买动了女子娘家父母的心,硬是把这女子娶了过去。刚娶去不久，女子在外经商的丈夫回来了，见此情景他非要讨回妻子不可。

第二个男子新婚刚过，说什么也不答应。两人便同去找这女子的父母，父母也没办法，就这样一同来求县太爷公断。

县太爷听罢案情，不问别的，先问这女子的父母，两个男人说的是否都是实情。老两口点点头。县太爷又细细打量那两个男人，你争我吵，互不相让，那女子夹在中间只是啼哭。县太爷发现女子分明与前夫情深，就想成全他俩。此时，他想出了一个主意。

请问，他想出了什么主意呢？

126页答案

答案：

县太爷对女子喝道："你到了今天，还哭什么！千错万错就错在你一个人身上，只因你朝三暮四，才把事情弄到这个地步，如今只有看天意了。"

说着，拿起笔，在两片纸上分别写上"前夫"、"后夫"，不由分说，叫手下人拿一条布巾将她的眼睛蒙上，让她跪在地上，让第一个丈夫跪在女子的后边，让第二个丈夫跪在女子的前边。然后告诉他们，让女子在盒里去摸那两张纸片，摸到哪个就跟哪个回去过日子，不得再有争议，两个男人都答应了。

那女子迟迟不肯伸手，只是在那里哭哭啼啼，县太爷一拍桌子，大发雷霆。女子没办法，只好胆战心惊地摸了一张。跪在女子前面的那个第二任丈夫，见女子摸出的纸片上写着"后夫"二字，心里一高兴以为女子可以归他了。

却听见县太爷大声说道："好吧，既然你亲手拣出的是'后夫'，看来命该去跟跪在你后面的男子过日子，天意昭昭，我也不可违抗。你们走吧。"

5 树立责任意识

小朋友，我们经常听人说“负责任”，那你知道到底什么是责任心吗？

其实，所谓的责任，就是做好自己分内应做的事情，并承担事情的结果。责任心是指自觉地把分内事情做好的心情，一个人对自己的责任心相当于他心里的“警察”，我们要树立责任意识，就是在自己心中树立一个“警察”，让这个“警察”对自己进行监督。

责任心是一个人生命的纤绳。有了责任心，一个人才能把事情办好，才会产生自我价值感。一个没有责任心、没有价值感的孩子，因为找不到自己的生命在社会中的地位和重要性，便会感到迷惘，因而失去创造成就的动力，而容易为其他一些物质性的轻浮的事物所吸引，沉溺其中，平庸地度过一生甚至走上歧途。

可以说，责任心是每个人安身立命的基础，也是前进的动力，只有把责任担在自己的肩上，才有奋发向上的愿望，有克服困难的决心，有真正做事的态度，也就养成了对自己行为负责任的习惯。

秘诀 1：明白自己该做什么、怎样做

很多小朋友做事往往是凭兴趣

的，但要树立自己做每一件事情都负责到底的态度。比如在你做手工制作的时候，当完成作品时，有没有记得把垃圾也顺便清理干净呢？如果你目前还没有做到，那么记住下次一定要为自己所做的事收拾好残局。

秘诀 2：为自己的责任心引以为荣

有位 10 岁的小女孩，她负责倒家中的垃圾已经 5 年了。在她 5 岁那年，她突然对倒垃圾产生了兴趣，一听到收垃圾的铃声就提着垃圾桶去倒。父母为了支持她参加家务劳动，对她倒垃圾的事予以表扬，夸她能干，还经常在外人面前称赞她。这样就更激发了她主动倒垃圾的自豪感，慢慢地她形成了习惯，把这项劳动看成一种责任，看成是自己分内的事情，她为自己能做好这项工作而引以为荣。

秘诀 3：自己的事情自己负责

有的小朋友被父母宠坏了，什么事都不爱自己动手，过着衣来伸手、饭来张口的生活。其实在这种环境下成长的孩子，明显地责任意识淡薄、依赖性太强。这对一个人的成长是非常不利的。从现在开始，自己的事情自己做，养成自己动手的习惯。

秘诀 4：对自己某些行为造成的不良后果设法补救

比如损坏了别人的玩具，一定要用自己攒下的零花钱赔偿给人家，让自己知道，既然造成了不良后果，就该由自己负责。

AQ 加油站

一坛红枣

从前，有一个商人积攒了不少钱。他要外出去做生意，由于家中没有其他人，于是他把一坛银子假说是红枣，封好了托邻居保管，说是很快就会回来。

可商人一去竟 3 年没有回来。一天，邻居打开坛子，只见白花花的银子，就全部拿出来占为己有。

不久，商人回来了，邻居在坛子里装满红枣，照原样封好以后还给商人。商人打开一看，银子变成了红枣，就问："坛子里的银子呢？"

邻居回答说:“你交给我时说的是红枣,哪里来的银子呢?”

两人说不清理不明,争吵起来,就一同去见县官。

县官问邻居,邻居说:“他把坛子交给我时说是红枣,根本就不是银子。”

县官仔细看了看坛里的红枣,把桌子一拍,要邻居立刻把银子交出来,否则要用大刑。

这时,邻居大呼冤枉,否认拿了银子。于是县官讲出了道理,使邻居无话可说,只好低头认罪。

试问:县官是如何断案的呢?

答案:

县官说:“商人外出3年,红枣应该早已干枯霉烂,而现在红枣非常新鲜,明显是才放进去的。”这时邻居无话可说,乖乖地交出了银子。

6 别为打翻的牛奶哭泣

如果你能知道，人的遗憾与后悔情绪是与生俱来的，正像苦难伴随着生命的始终一样，遗憾与悔恨也与生命同在。那么我们就应该变得更豁达一些。

令人后悔的事情，在生活中经常出现。许多事情，做了后悔，不做也后悔；许多人遇到要后悔，错过了更后悔；许多话说出来后悔，不说出来也后悔……

人人都想让自己所做的每一件事都永远正确，从而达到自己预期的目的。可这只能是一个美好的愿望。

人不可能不做错事，不可能不走弯路。做错了事、走了弯路之后，有后悔情绪是正常的。这是一种自我反省，正因为有了这种积极的后悔，我们才可以在以后的人生路上走得更好。

但是，如果你纠缠过去不放，或羞愧万分、一蹶不振；或自惭形秽、自暴自弃，那就不是很明智了。请记住：过去的已经过去，不要为打翻的牛奶而哭泣！从过去的错误中吸取教训，在以后的生活中不要重蹈覆辙。错过了，就别后悔，后悔不能改变现实，只会给未来的生活增添阴影。把卡耐基的这句名言牢记在心吧：要是我们得不到我们希望的东西，最好不要让忧虑和悔恨来烦恼我们的生活。且让我们原谅自己，学得豁达一点。

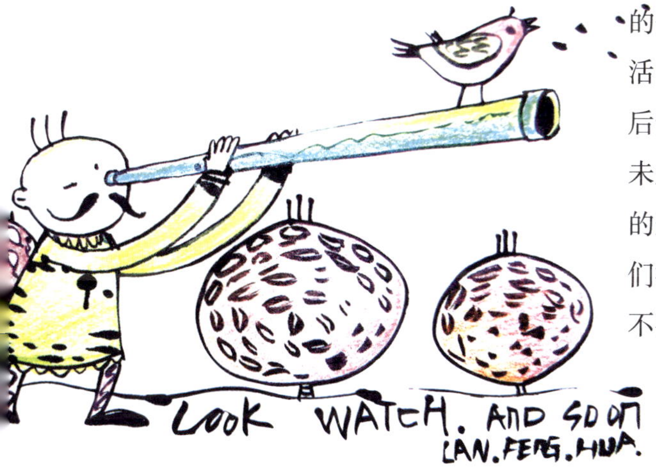

哪些食物缓解情绪

有研究表明，某些特定的食品能影响大脑中某些化学物质的产生，从而改善人们的心情。

1.全麦面包

食物中的色氨酸能提高大脑中五羟色胺的水平，使人产生愉悦的感觉，而全麦面包能帮助色氨酸的吸收。在吃富含蛋白质的肉类、奶酪等食品之前，先吃几片全麦面包，可以保证色氨酸能进入大脑，而不至于被其他氨基酸挤掉。

2.咖啡

早上喝一杯咖啡确有提神醒脑的作用。咖啡因能使血压暂时略有升高，并阻断使我们感到瞌睡的化学物质传递。但每天喝 3 杯以上反而会使人烦躁、易怒。

3.水

每天应喝足够的水，防止因缺水而感到委靡不振。不能用咖啡或其他含咖啡因的饮料代替。

4.香蕉

紧张与镁缺乏密切相关，所以，生活忙碌的人在食谱中应补充富含镁的食品，例如香蕉。

5.橙和葡萄

橙和葡萄都富含维生素 C，每天吃 150 毫克的维生素 C（约两个橙）就可以使紧张、易怒、抑郁的不良情绪得到改善。

6.辣椒

辣椒中含的辣椒素能刺激口腔神经末梢，使大脑释放出内啡肽。这种物质能引起短暂的愉快感。

7.牛肉

牛肉含有丰富的矿物质，尤其是铁，有研究表明，每天吃 3 盎司（约 85 克）牛肉的人比完全素食的人可多吸收 50%的铁。它可以缓解人的疲劳，使心情抑郁得到改善。

AQ 加油站

坚强的儿子

从前，当古罗马城陷入战乱的时候，有位母亲对想趁着乱世称雄的儿子这么说：“如果你正直的话，就会被大众所背叛；但如果你不正直，就会被神遗弃。反正都没有好下场，你就别强出头了。”

这位坚强的儿子不但不放弃，还利用这番话中的盲点说服了他母亲。

你知道他是如何反驳的吗？

答案：

儿子说：“如果我正直的话，就不会被神遗弃；如果我不正直，就不会被大众所背叛。所以无论如何，我都不会被背叛的。”

7 专心致志创造奇迹

小朋友，你知道李广吗？他可是汉朝时期威震天下的将军。

在一个风雨交加的夜晚，李广走在一条崎岖的山路上。忽然，有一头猛虎出现在李广面前。李广急忙拉弓搭箭，使出浑身力气把箭射了出去，正好射中老虎的胸口。可是那老虎中了箭后竟一动不动，李广觉得奇怪，就小心地走过去查看。

原来是虚惊一场，那根本不是什么老虎，而是一块酷似老虎的大岩石！因为天黑，又下着大雨，他误把岩石当成了老虎。

让李广想不到的是自己居然有那么大的力气，能够把箭射进坚硬的岩石里。于是他又向那块岩石射了几箭，结果不管怎么用力，他都无法再次把箭射进石头里。

为什么同是一个人，射出箭的时间不同结果也不同呢？原因就在于专心致志的程度不同。

李广第一次射箭是为了杀死向自己扑来的猛虎，他下意识地集中了自己都无法想象的高度的注意力。而后来则是在他精神松弛的情况下把箭射出去的，因此再也不能把箭射进岩石里。

专心致志就是这样一种能把看起来不可能的事情变成可能的力量，小朋友如果在遇到很棘手的问题时，不妨让自己的注意力高度集中一下，专心致志就有可能创造奇迹。

AQ 加油站

字母“E”练习法

准备工具：视力表、笔、纸

游戏方法：

1.把视力表放在桌子上，仔细盯着上面的某一个“E”1 分钟。

2.闭上眼睛，在脑海里画出“E”来。

3.想一想，脑海中的“E”跟纸上的“E”，大小有多相近？

游戏效果：常做字母“E”练习，可以帮助我们集中注意力。

8 不放弃最后的5分钟

因著有《罪与罚》《卡拉马佐夫兄弟》而闻名于世界文坛的巨匠——俄国作家陀思妥耶夫斯基，曾在28岁时因参加革命团体被判处死刑，后改判流放西伯利亚。

那是一个下着鹅毛大雪的寒冷冬日，被关在西伯利亚监狱里的陀思妥耶夫斯基悄悄地看了一下手表，离执行枪决只剩下5分钟的时间了。他想:“我人生最后的5分钟该怎么度过呢？”就在这时,他的脑海里闪过了一个很好的小说题材。为了不错过这个突然而至的灵感，他马上拿起纸和笔把它记了下来。

看到这个情形，被关在一起的狱友们都嘲笑他:“哎，再过5分钟你就要命丧黄泉了，还写那些东西有什么用啊？”

令人窒息的5分钟终于过去了。“咣当”一声，军人们推弹上膛的声音冷冷地回响在西伯利亚的原野之上，刽子手闭上一只眼瞄准目标。就在这千钧一发之际，一个士兵急急忙忙赶了过来，制止了就要执行的枪决：“沙皇特命，立即取消死刑！”

后来，陀思妥耶夫斯基就用临刑前5分钟记下的灵感，写出了《罪与罚》《死屋手记》《卡拉马佐夫兄弟》等伟大的文学作品。

作为一个作家，陀思妥耶夫斯基临死前5分钟还在认真记录灵感，为写小说积累素材。请你永远记住，正是因为有了这种生命不息奋斗不止的精神，只要还活着，就不轻言放弃这最后的5分钟，才有了他成为伟大作家的荣耀。

其实，任何人都不是在一夜之间突然功成名就的，为了成为令大家心悦诚服的顶级人物，应该从最不起眼的小事一步步做起。古人说“不积跬步，无以致千里”，在这个默默努力的过程中，你还有可能体会到让你刻骨铭心的失败和挫折。但是，即使是在那个时刻，你也不能放弃自己的希望和梦想。

AQ加油站

阿凡提为什么不害怕

有一次，财主把阿凡提抓了起来，他把阿凡提绑在水池的柱子上，然后又在水中放了很多大冰块。这时，水面正好淹到阿凡提的脖子，财主想等到冰块融化后淹死阿凡提，但阿凡提却丝毫不害怕。你知道冰块融化之后水面会上升多高吗？

答案：

水面一点也不会升高，因为冰块融化成水的体积正好是它排开水的体积。

9 走向成功的秘诀——感悟

小朋友，我们无论做什么事都需要有悟性，悟则进，不悟则退。下面的一些感悟是许多人生经验的总结，希望你认真阅读，深刻理解。

1.不要总把自己与别人去比较，这样会愈看自己愈没有价值感。如同你的指纹一样，世界上的每一个人都是独一无二的。

2.不要根据别人认为重要的东西制定自己的追求目标，而应当努力去争取自己觉得最好的东西。

3.不要匆匆忙忙地过一生，以至于忘记自己从哪里来，要到哪里去。生命不是一场速度赛跑，而是一步一个脚印走过来的旅程。

4.不要耽于昨天或明天而任凭今天从指间溜走。每一天只过每一天的日子，你总会享受到所有的日子。

5.不要害怕面对风险，我们都是在闯练中学会勇敢的。

6.不要怕学习新的东西，知识没有重量，是可以随身携带的宝藏，没有人会被它压垮，而且越多越会让你身心矫健。

7.昨天是历史，明天是谜语，而今天是礼物，所以在英语中我们把今天称之为“present”(英文中，present 既是

“礼物”的意思，也是“现在”“今天”的意思）。

8.生活中一时的烦恼和忧愁，不过是一阵季候风，风过之后又是朗日晴空，遍地春色。

9.无知识的生命，如同无枝叶的树，总是缺少勃勃生机。

10.生活的磨难，谁也不想经历，一旦经历了，就要把它变成财富。

11.嫉妒是无能的表现，超越是力量的显示。

12.山的沉稳在于厚重，水的活泼在于幽深。

13.是山就有高度，是水就有宽度，无论多高多宽，是自己真实的水平就好。

14.人最可贵的品格，不在于装模作样，被别人赞许；人最可贵的品格，在于本分自然地生活，自己心里踏踏实实。

15.竭力履行你的义务，你应该就会知道，你到底有多大价值。

16.生命的多少用时间计算，生命的价值用贡献计算。

17.一个人的美不在外表，而在才华、气质和品格。

18.世间最庄严的问题是：我能做好什么事？

AQ 加油站

坐哪一辆车

婷婷每天都乘坐公共汽车上学。离婷婷家门不远处，有一个公共汽车站。汽车和电车都是每隔 10 分钟就来一次，票价也一样，只是汽车开过之后，隔 2 分钟电车才来，再过 5 分钟下一趟汽车又开过来。

根据以上信息，你认为婷婷坐哪一辆车更省事更划算？

答案：

哪辆车先来就乘坐哪一辆，因为价钱都一样，而且间隔时间也不长，没有必要走一站再坐车。

10 机智应变的能力

在生活中，我们经常会碰到许多意想不到的事情，比如，你正在担任学校里的节目主持人，突然碰到同学提问你没有准备过的问题，这时，就需要你发挥你的应变能力了，一旦你不具备这种能力，不但会让自己下不来台，就连自己负责的节目也会受到影响。

有一个机智应变的故事流传很广，它发生在法国路易十一当政时。

一个巴西预言家来到法国，四处宣扬自己能够预知别人的命运。路易十一认为这个人是靠迷信行骗，就下令把他逮捕法办。

“听说你能预知别人的未来与命运，这是真的吗？”路易十一威严地问。

“是的，陛下，到现在为止，我的预言都很灵验，从来没有落空过。”预言家不慌不忙地说道。

“是吗？那你也肯定知道你未来的命运将有什么变化了吧？”不管预言家怎么回答，路易十一已经打定主意要处死他。

这个巴西预言家早就猜到了路易十一的心思，不慌不忙地回答说：“事实上，我对自己未来的命运还不是非常清楚。”

路易十一显然对他的回答很不满意，于是大喝道："来人啊，马上把这个家伙拉出去砍了！"

就在这时，这个巴西预言家机智地说："陛下，尽管我说不准自己未来的命运，但是我却千真万确地知道这样一个事实，我会在陛下驾崩前两天死去。"

听了预言家的话，路易十一脸色大变。随后，路易十一就让人悄悄地把那个巴西预言家放了。因为他怕在那个巴西预言家死去后两天，自己真的会有什么不测。巴西预言家用他卓越的机智应变能力救了自己一命。

那么，小朋友，该怎样培养自己的应变能力呢？有一条很有效的秘诀就是经常和小朋友们在一起聊天，另外也可以常常加入到父母对问题的讨论中，这样，你就会懂得在什么样的情形下说什么话以及如何对付各种突发的问题了，你的机智应变能力当然会大大加强了。

AQ 加油站

乌龟能跑过兔子吗

有一次乌龟和兔子又要比赛谁跑得快。乌龟对兔子说："你的速度是我的 10 倍，每秒跑 10 米。如果我在你前面 10 米远的地方，当你跑了 10 米时，我就向前跑了 1 米；你追我 1 米，我又向前跑了 0.1 米；你再追 0.1 米，我又向前跑了 0.01 米……依次类推，你永远要落后一点点，所以你别想追上我了。"

乌龟说得对吗？

答案：

不对。乌龟只看到了速度和距离，却没考虑时间。事实上，兔子只要用 10/9 秒的时间就能与乌龟相遇，然后，兔子就跑到乌龟的前面去了。

第6章

提升合作力

1 理解“我们”这个词的含义

当你长大成人后，一定会走上自己的工作岗位。不论你从事什么样的工作，都要和其他人组成一个团队，一起去完成一项工作。所以说，“我们”就是这个团队的名字。

以团队的形式合作完成工作具有很多优势：

1.可以轻松地解决比较困难的问题。

2.成员之间可以互相帮助和鼓励。

3.可以体味一起战胜困难的喜悦。

不过，这是你们和谐相处的情形，如果关系处理得不好，那就会影响你们的成绩，严重时，没准会让你们之前的努

力功亏一篑。

如果我们想要获得成功，就必须处理好这种团队的关系。但是在小学阶段，我们该怎样培养这种社会性呢？答案很简单，就是要和小朋友和谐相处。不过，和小朋友们和睦相处并不是一件很容易的事，因为每个人都存在性格上的差异，想法也不会相同。

尤其是需要和同学竞争的情况时有发生，你该怎么做呢？

温馨提示：不论何时都要记住“我们”这两个字，“我们”就是团队的名字，不论是谁都不可能独立生存在这个世界上。

和谐性能测试

1.能和朋友们友好相处。（yes / no）

2.能很好地遵守朋友之间的约定。（yes / no）

3.能很容易与陌生的小朋友打成一片。（yes / no）

4.即使在很多人面前也可以表现自如，不紧张。（yes / no）

5.在任何人面前都可以把自己的想法表述清楚。（yes / no）

6.一般来说，你属于很开朗的性格。（yes / no）

7.在学校里，担任过班干部。（yes / no）

如果你在上面的七项当中，至少有五项选择了 yes，那么，恭喜你，说明你的和谐性非常好。

如果不是这样，那你就要花些精力来培养这方面的能力了。

AQ 加油站

动物寻亲

准备工作：眼罩，一群小朋友

游戏方法：当主持人说“开始”后，小朋友就要戴上眼罩，并模仿自己所代表的动物发出叫声，声音越大越好。小朋友一边模仿动物的叫声，一

边根据相同的叫声来辨别“同类”，一旦找到自己的同类后，两位同类的小朋友就要双双退到一边为其他小朋友加油。游戏一直进行到所有小朋友都找到自己的同类为止。

小贴士：在这个有趣的游戏中，要仔细听其他小朋友发出的声音才能准确、迅速地找到自己的“亲人”。

主持人分别在每位小朋友的耳边悄悄地告诉他们各自扮演的动物以及应模仿的声音，例如，“小猫喵喵叫”或“青蛙呱呱叫”。每一种动物由两位小朋友来代表。

2 做个奉献爱心的赢家

奉献爱心指的是奉献些什么呢？

你是不是想得很复杂：奉献爱心需要很多很多的钱，然后去帮助一些需要帮助的人。其实，做这种了不起的大事固然是奉献爱心的一种方式，但是，做一些力所能及的小事，也是奉献爱心的一种方式。

在美国，几乎所有的小学生都要参加“每月一个奉献”的活动，为有困难的邻居奉献爱心。

英国在16世纪就颁布了《慈善活动法》，鼓励青少年从小就参加爱心奉献活动，小朋友只要愿意，随时都可以参加这种活动。

那么我们中国的小朋友可以做些什么呢？

你家里有没有小弟弟或小妹妹？你的邻居中有没有比你小的小朋友？你觉得给他们讲讲故事怎么样？从你读过的书中挑出你最喜欢的，念给比你小的孩子听吧。不要小瞧这种体验哦，因为这种当“小老师”的经历，可以培养你的责任感、自信心、忍耐力和独立性。

当然你还可以为街坊邻居打扫胡同、楼道，或者捡起地上的垃圾等。多留意你的周围，你会找到很多可以做的事情。

爱心秘诀

参加爱心奉献活动时，最重要的是有一种发自内心的真诚。如果你不只是做做样子，确实是真心实意地为别人提供帮助，你会有更多美好的感受。在参加爱心奉献活动中积累下来的经验，还会使你在日后处理人际关系时受益匪浅。渐渐地，你就会发现自己是个特别受欢迎的孩子。

爱心礼券

做一些爱心礼券，用这种方法，可以把你的爱心用一种有趣的方式送给你的朋友、父母或者邻居。

1.把“爱心礼券”标注上不同

的内容，比如“讲故事爱心礼券”、“打扫卫生爱心礼券”等，把你想到的、你能帮助别人做的事分类整理。

2. 把一个月的“爱心礼券”总量控制在 5 张左右比较合适。

3. 在“爱心礼券”上标上使用的有效期限以及“过期作废”的字样。并标明一周不能使用两张以上“爱心礼券”的附加条件。

AQ 加油站

太空人打赌

有两个太空人在火星上探测。一个人和他的同伴打赌，说他可以闭上眼睛，在上面走上整整 1 公里而且距离完全正确。你能做到吗？

答案：

当然能。只要他一直往前走，超过 1 公里就行。在他走过的路线上，绝对有一点与他出发点的距离恰好是 1 公里。

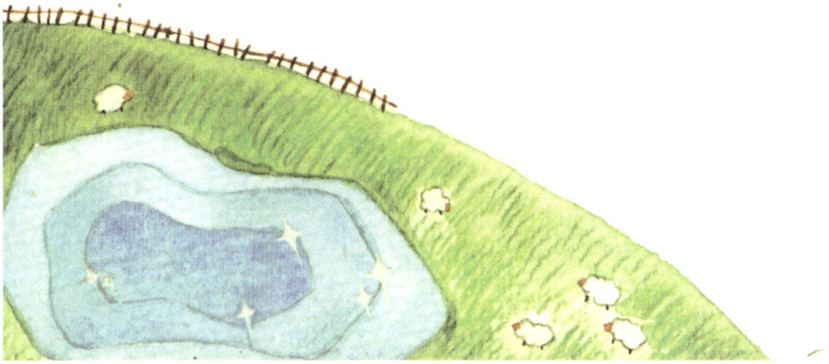

3 学学“斑马”的合作精神

小朋友们都知道，在非洲大草原上，有很多动物都要比斑马凶猛得多，比如说狮子、豹子等，它们都非常喜欢攻击斑马，因为斑马的条纹比较明显，再加上斑马奔跑的速度并不太快，很自然，斑马就成了草原上的弱势群体。

但令人惊奇的是，作为弱势群体的斑马，也会演绎一场惊心动魄的与强者抗争的悲壮画面，并以赶走狮子的全胜姿态来结束战斗。

那么，斑马是靠什么取得这场实力悬殊的比赛的胜利的呢？显然，靠单独的力量是很难战胜狮子的。

原来，当狮子要进攻一匹斑马时，其他斑马就会迅速地排成一个巨大的阵式，头挨着头地围成一个圆圈，然后轮流用后蹄去踢狮子。狮子对群起而攻之的斑马毫无办法，只好灰溜溜地离开，去寻找其他的食物。

斑马在草原上得以生存，靠的就是这种集体作战的团队精神。人也是如此，要学习斑马的团队精神，否则在你步入社会后，在处理人际关系上就会遇到一些麻烦。

加成效果

知道什么是“加成效果”吗？用斑马的例子解释就是说：一匹斑马的力量加上另一匹斑马的力量，等于两匹斑马的力量。实际上，两匹斑马的力量合在一起，却能产生远远大于“1+1=2”的巨大力量，这就是所谓的加成效果。

AQ 加油站

闯城门

准备工作：在一块平坦的场地上画两条相距 30 米的平行线，一条为起跑线，另一条为终点线。主持人 1 名。主持人可将游戏参与者分成人数相等的两队，各队站在起跑线外，彼此间隔 3 米。各队选出 4 名队员，在两条线中间处，面向里手拉手成四方形，使其两手构成的“城门”分别对正东、西、南、北方向。各队后面的人两只手扶着前面人的腰的两侧。

游戏方法：游戏开始，各队迅速向前跑去，到接近城门时，主持人发出“进东门！出西门！”或“进北门！出南门！”等类似的口令。各队必须

按主持人的口令从守城门的人的手下穿城而过，然后跑向终点线。在游戏过程中，穿城而过时，不得碰守城门的人的手。跑动中全队不得散开，否则要原地整队后方才能继续前进。到终点时，以队尾通过终点才算全队抵达。以先到的队为胜。

小贴士：这个游戏主要检验参与者有没有团队合作精神。只要跟着主持人的命令按规定行动，就能赢得最后的胜利。

4 试着“走出去”

小朋友有没有观察过在笼子里养大的鸟和在野外长大的鸟的区别呢？野外长大的鸟多了一些锐气，而在笼子里养大的鸟已经习惯了笼子里的生活，即使打开笼门都不愿飞走。请你想一想，你现在是不是正在父母为你编织的“鸟笼”里享受着安逸的生活而不愿“走出去”呢？

总是不愿“走出去”的后果就是长大后缺乏合作力，因为良好的合作力可不是在某个早晨醒来后突然形成的，培养良好的合作力，需要从小积累各种不同的经验。

你可能很熟悉“井底之蛙”的含义，它是用来比喻那些生活在一个非常狭窄的空间中从而对外界事物知之甚少的人。人在幼年时期知识都是非常有限的，随着年龄的增长和各种学习的积累，我们的知识和能力会不断增长。但我们不可能一辈子生活在父母的羽翼下，因此要培养自己的独立能力，勇敢地“走出去”，多参加一些社会实践活动，在“社会”这个大舞台上积累经验，增长才干。

走出去的方法：

1.为父母做些力所能及的事情

别以为做个好孩子就是乖乖听话，从小就养成为父母分担家务的习惯，不但不会影响学习，还可以锻炼自己的能力。比如：帮忙倒垃圾，跑腿买东西，给街坊邻居捎个话等等。你可不要小瞧这些事情，通过不断做事的过程中，你会慢慢明白如何根据环境或者事情的变化采取相应的对策，还可以提高你的适应能力和合作性。

2.经常出去旅行

你可以在周末同小朋友们去爬山。在这个过程中你可以学会判断事情的轻重缓急以及应对紧急情况的方法。即使再累，也不要退缩，你必须坚持到底，因为这是培养你耐心以及增强你耐力的好机会。另外在登山路上和小朋友们聊天、合作，还可以学会与人和睦相处的智慧。

AQ 加油站

小天才汤姆

汤姆虽然才 12 岁，但像天才般对数学有极高的悟性。有一天，他向我夸口说：“随便你用 0~9 这 10 个数字写成两个数，只要你把两个数字都用到而且不重复就可以，然后把两个数加起来，再把你写的两个数字擦掉，最后，你把得数里的任何一位也擦掉。整个过程我都不知道你写的是什么数，结果是多少，但是我只要瞅一眼你最后的结果，我就知道你最后擦掉的那位数是几。”

我当然不相信，于是用这 10 个数字写了一个 6 位数和一个 4 位数，加起来后得出结果，把万位以上的数和

两个加数都擦掉，得到这样一个数：398□27（□是我擦去的那个数）。汤姆真的只看了一眼，就说出了我擦掉的数。

真的很神奇！你能告诉我，汤姆是怎么知道那个数的吗？

答案：

我擦掉的数是 7。其实秘密很简单，0 到 9 这 10 个数相加等于 45，是 9 的倍数，不管这 10 个数字怎样排列，得出的两个数其和也是 9 的倍数。所以只要把答案中能看到的数字加起来，用与这结果最接近但比这结果大的 9 的倍数一减，得到的数就是被擦去的数字。在此例中，3+9+8+2+7=29，比 29 大的最接近的 9 的倍数是 36。所以，擦去的数为 36－29=7。

5 释放你的内心感受

小朋友，你是不是经常对父母说过“妈妈，我爱您”、“爸爸，您辛苦啦”这样的话呢？

如果不是，今天就不妨说一回试试。你父母的表情一定会有一些变化，而且会非常的开心。知道为什么吗？因为你把你内心的情感释放出来了，而父母会因此而感到很欣慰。

也许你会觉得这样做让你很难为情，你更喜欢把自己的情感藏在心里。但是，据一家研究机构的调查显示，能把自己的情感坦诚地、准确地表达出来的人和做不到这一点的人相比，前者会拥有更好的人际关系。能够坦诚地表达自己情感的人，在社会上获得成功的概率也会比常人更大。

梦想着以后要做 CEO 的小朋友，不要坐等别人来了解你的心情，而应主动把你的想法和情感坦诚地表达出来。

如果你不开心，就告诉人家你为什么不开心；如果你很感激别人为你提供的帮助，你也要把你的谢意恰当地表达出来。包括你的父母为你提供的一切，千万不要认为父母为你做的一切都是理所应当，也不要觉得向父母表达谢意很难为情。因为我们简短的一句话，可能会让父母高兴上一整天，那我们何乐而不为呢？

当你的感情得到释放，你的性格也在潜移默化地受着影响，你会变得更加乐观和懂得感恩。这样的孩子没有理由不受欢迎。

看看你平时的情绪

1.请你记录一下下面的内容：

(1)这几天的情绪：

(2)最让你失望(伤心)的事：

(3)最让你兴奋的事：

(4)你完成的最大的事情是：

(5)你都和哪些朋友沟通了：

(6)你处理事情的最好办法：

(7)作息时间有过大的改动吗：

(8)你是怎么控制自己情绪的：

(10)你生气(或不高兴)的次数：

2.挑选上面 10 个问题和答案中的几件事，重新做一遍，看你能不能做得更好。

AQ 加油站

花瓣游戏

有两个女孩摘了一朵有着 13 片花瓣的圆形的花，两人可以轮流摘掉一片花瓣或相邻的两片花瓣。谁摘掉最后的花瓣谁就是赢家，并以此来预测未来的婚姻是否幸福。实际上只要掌握一定的技巧，就能让自己永远都是赢家。

你知道怎样才能在这场游戏中取胜吗？先摘还是后摘？应采取怎样的技巧呢？

答案：

后摘者只要保证花瓣剩下数量相等的两组（两组之间）被摘除花瓣的空缺隔开，就一定能赢得这个游戏。

比如，先摘者摘一片花瓣，则后摘者摘取另一边的两片花瓣，留下各有 5 片的两组花瓣。如果先摘者摘取两片花瓣，则后摘者摘取 1 片花瓣，同样形成那种格局。之后，前者摘除几片，后者就在另一组中摘除同样多的花瓣。通过这种办法，到最后那一步，她肯定能赢得最终胜利。

6 和不同性格的人相处

一个想做领导的人，必须会协调各种关系，让你领导的成员发挥出最大的优势。小朋友，你有没有当班干部的经历？

你有没有看过《十五少年漂流记》呢？书中写到，船触礁后，大家非常惊慌，不知怎么办才好。就在这个紧要的关头，一个叫伯里安的少年发挥了他优秀的领导才能，带着孩子们安全地登上了无人岛。

在这十五个孩子中，既有一二年级的小孩子，也有五六年级的大孩子，伯里安是怎么领导这些年龄不同和性格不同的孩子们的呢？

他不是用“好了，你们都要听我指挥”的僵硬方式做到这一点的。而是运用了自己的智慧，与其他的孩子们一起相互配合，才在无人岛上共同化解了各种危险。

你知道怎样才能像伯里安那样与各种不同性格的孩子们友好相处吗？

小朋友们要记住：和别人交谈的时候，要谈双方都感兴趣的话题，否则，只谈你想谈的话题，对方就会感到厌烦，不想再与你谈下去。当有不同的意见时，要委婉地提出来，不要大声争吵，更不能指责攻击。

人际关系智能训练

1.不要把同伴局限在与你的年龄相仿的范围，尽量扩大同伴的年龄范围，学会与各种年龄段的朋友相处。

2.交朋友不要局限于同伴的性别。

3.尽量多参加一些课外活动，多创造一些能和大家一起活动的机会。

4.多结交一些与自己有相同爱好的孩子。

与人交谈的技巧

1.谈话的内容不仅是自己感兴趣的，更重要的是使对方感兴趣。

2.认真地倾听对方说话。

3. 当对方说到他人的隐私时，要拒绝参与讨论。

4.不要一直说“我”如何如何，可以多问几次“你觉得呢”、“你的想法呢”。

5.不要用毫不相关的问题打断别人的谈话。

6.讨论问题时，不可以愤怒地争执，更不可以互相指责攻击。

7.不要侵犯别人的隐私，不要在背后谈论别人的伤心事或不当行为。

8.与老人说话时，最好走到身边。

9 .不要一直重复同样的话，更不要添油加醋、故弄玄虚。

AQ 加油站

蚂蚁过地下通道

一只蚂蚁在地下通道里爬行，对面又来了一只。由于通道非常狭窄，只能一只一只通过。幸好，通道一侧有个凹处，刚好能容得下一只蚂蚁，可不巧的是，里面有一个小沙砾，把它移出来后又把通道堵住了，还是无法通行。两只蚂蚁应该怎么做才能都顺利通过呢?

答案：

由一只蚂蚁把沙砾拖出凹处，放在通道里；然后另一只蚂蚁进入凹处；再由那只蚂蚁推着沙砾过凹处后暂停；然后另一只蚂蚁爬出凹处，沿通道爬走；最后那只蚂蚁将沙砾拖回凹处，自己走开。

7 保持朋友间的友好往来

随着小朋友们之间的交往日渐频繁，小朋友互相去家里做客也成了友好往来的一种重要方式。有机会把小朋友请到家里来做客，或者常去小朋友的家里坐坐，可以培养你和小朋友们和睦相处的能力。

从某种角度来讲，这种处理人际关系的能力比简单地学习更为重要。良好的人际关系是一个人获得成功的关键。

请朋友来家里做客时：

1. 首先要把屋内收拾干净整齐。

2. 如果需要换鞋，就准备好足够的拖鞋，放在门口。

3. 准备好和来访人数数量相同的杯子。

4.当门铃响后，要赶快开门，并热情地欢迎客人。

5.将客人引领到座位上。把准备好的杯子拿出，往杯子里倒入客人喜欢喝的饮料。请客人先歇一会儿，来缓解路上的疲劳。

6.当客人休息片刻后，再去做你们约好的事情。

小朋友，记得下次有朋友来做客的时候，这些事情不要再让妈妈来做了，一定要自己亲自做好这些事情。另外，你还要尽量表现得细心一些，例如，为了让你的朋友坐得舒服一些，你可以为他们准备一些坐垫；为了不让你的朋友感到无聊，你可以和他们一起做些他们感兴趣的事情。

在做这些事情的过程中，你可以学到为别人着想的做人之道以及待人接物的礼节。

自己到小朋友家里做客时：

1.去朋友家里做客时，首先要做到守时，并穿戴整齐得体，这是对主人最基本的尊重。

2.在朋友家里，不要大呼小叫，不要随意翻动主人的东西，也不要随便在每个屋子里胡乱走动。

3.对主人的热情款待要表示感谢。做客结束时，要向主人道别，切记不要在主人家里长时间逗留。

去朋友家里做客，可以让你体验到陌生的、新鲜的环境，还可以学会在这种情形下应该采取的做法。还可以通过朋友以及他的父母对你的态度和做法，学习怎样待客。辨别哪些做法比较合适，哪些做法会让人感到不舒服。

AQ 加油站

谁和谁是亲兄弟

有一个楼里住着 4 户人家，每家各有两个男孩。这 4 对亲兄弟中，哥哥分别是甲、乙、丙、丁，弟弟分别是 A、B、C、D。一次，有一个人问：“你们究竟谁和谁是亲兄弟呀？”乙说：“丙的弟弟是 D。” 丙说：“丁的弟弟不是 C。”甲说：“乙的弟弟不是 A。”丁说：“他们 3 个人中，只有 D 的哥哥说了实话。”丁的话是可信的，那人想了好半天也没有把他们区分出来。你能区分出来吗？

答案：

答案：甲的弟弟是 D，乙的弟弟是 B，丙的弟弟是 A，丁的弟弟是 C。

在甲、乙、丙 3 个人中只有一个人说了实话，而且这个人是 D 的哥哥，因此乙说的是假话，乙不可能是 D 的哥哥。由乙说的话得知，丙也不可能是 D 的哥哥，所以丙说的也是假话。由此可得，丁的弟弟是 C。由于甲、乙两人都说了谎，而丁又不是 D 的哥哥，因此甲一定是 D 的哥哥，甲说的是实话。即：乙的弟弟是 B，丙的弟弟是 A。

8 做一个谦虚的人

我国著名画家齐白石老先生就是一个非常谦逊的人，在 20 世纪 20 年代，他的绘画技艺已经达到炉火纯青的地步，但是在艺术上不断追求的他，对于别人的意见总是非常重视。

陈师曾在当时也是一位才华横溢的大画家。一天傍晚，他登门拜访齐白石，齐先生非常高兴地连忙拿出平时所做的自己比较满意的作品，并且谦让地请陈师曾指正。陈师曾看后，对齐老的画大加赞赏，但是随后又说："你若能在此基础上另辟蹊径，变更画法，形成自己的风格，那就会更加完美了。"齐先生听后感动得连连点头，感谢陈师曾的肺腑之言，表示过去画画都是效仿前人，现在决定大变，即使卖不出一张，也决不后悔。

果然，自此以后，齐白石先生苦苦钻研琢磨，以求创新。到 1929 年，年过花甲的齐白石老先生，经过十年艰苦探索，终于走出了一条突破自己、超越前人的艺术新路。

通过上面的故事，我们可以看出，要想取得成功，就要谦虚、谨慎学会与他人沟通、与他人合作。要知道每个人都有他独特的一面，只有相互交流才能达到取长补短的效果。

小朋友，我猜你一定也做过一些了不起的事情。比如在学校拿了什么大奖，这时候，请不要说“哇，我就是个天才嘛”，而要谦虚地说“不过是运气好而已”，这样你的朋友肯定会为你开心的。因为和目中无人相比，大家更喜欢与谦逊的人交往。

怎样让自己和别人更好地交流呢？

1.养成有礼貌的好习惯

无论待人还是接物，你要懂得语言的客气能体现出内心的尊重，如果你不尊重别人，别人就不可能与你心平气和地交流。尊重别人是交流的前提，即使你说错了，他们也会用鼓励的目光支持你。

2.注意说话的语气

当你和别人讨论问题的时候，要注意自己的态度，如果你态度好，别人就会喜欢你，你也会因此结交到很多好朋友。请教问题不会令你丢面子，反而会使你多了很多好朋友。

3.寻找共同兴趣点

两个人能否愉快地交流，就看你们是否找到了共同的兴趣点。多动脑筋，你就能从彼此的兴趣爱好中找到共同的话题。

AQ 加油站

圣诞聚会

5 个圣诞老人约好周末参加一次圣诞聚会。他们都不是在同一个时间到达约会地点的：A 不是第一个到达约会地点；B 紧跟在 A 的后面到达约会地点；C 既不是第一个也不是最后

一个到达约会地点；D 不是第二个到达约会地点；E 在 D 之后第二个到达约会地点。

你知道他们到达约会地点的先后顺序吗？

答案：

他们到达约会地点的先后顺序是：D、E、C、A、B。

依据题目给出的条件，很快就可以分析出 A、B、C、E 都不是第一个，只有 D 是第一个到达的。

由“E 在 D 之后”，可以知道两人的顺序是：D、E。

由“B 紧跟在 A 的后面”得知两个人的顺序是：A、B。

由“C 既不是第一个也不是最后一个到达约会地点”，可以得知这样的顺序：C、A、B。

所以，总的先后顺序是：D、E、C、A、B。

9 学会控制自己的情绪

在美国的历史上，艾森豪威尔绝对是一个充满戏剧性的传奇人物。他曾获得很多个第一：

第一快：在美军历史上，共授予 10 名五星上将，艾森豪威尔是晋升得最快的一位。

第一穷：艾森豪威尔出生在一个非常贫穷的家庭里。

第一任：他是第一个担任北大西洋公约组织盟军最高统帅的人。

第一人：他是美军退役高级将领担任哥伦比亚大学校长的第一人。

第一大：他的前途是第一大——唯一一个当上总统的五星上将。

小朋友，你知道成就这个戏剧性人物的关键因素吗？原来奥秘来源于一次刻骨铭心的经历。

在艾森豪威尔 10 岁时，他的父母让他的两个哥哥在圣诞节前去远游，却坚决不同意他去。

艾森豪威尔感到十分愤怒，难以控制自己的情绪，他冲到屋外，握紧拳头在苹果树上猛击。他一面哭，一面打，双拳血肉模糊了都没有感觉。

最后艾森豪威尔被父亲拖到屋中，但是，父亲并没有呵斥他。

这时母亲进来给他涂上止痛药，并给他扎上绷带，但是母亲也没有安慰他。又愤恨又恼怒的艾森豪威尔倒在床上大哭了一个小时。直到他平静后，母亲才进来对他说："能控制自己情绪的人要比拿下一座城市更伟大。发怒是自我毁灭，是毫无用处的，需要好好克服。发怒会让你的心胸变得更加狭窄。"

母亲的告诫深深印在了艾森豪威尔的心中。76岁时，艾森豪威尔写道："我一直深刻记得那次谈话，把它当做我人生中最珍贵的教训之一。"

现在你应该知道，自我控制是一个人内在的力量，也是衡量一个人是否强大的准则。一个能控制自己的人，才能严于律己，宽以待人，才能成就大事。

当一个人遇到不如意的事情或遭遇突发事件时，比如考试没有考好、和小朋友闹了别扭等，往往会表现出情绪不稳定，或者大喜大悲，或者做事不考虑后果，容易冲动发怒。但是如果从小就有意识地训练自己，知道应该怎样去正确释放自己的情绪，才能真正地让自己心胸变得宽广起来。

AQ加油站

真假钻石

年事已高的国王想从众多儿子当中挑选继承人。为了考验儿子们的智慧，国王拿出10颗钻石，其中带有标记的一颗才是真钻石。然后他将这10颗钻石围成一圈，由大家轮流按规则挑选，即任选一颗为起点，接着按照顺时针的方向数，数到17的时候这颗钻石就被淘汰，依次类推，继续数下去，直到最后只剩下一颗钻石。这样，谁得到那颗真钻石，谁就可以做皇位的继承人。

假如你是皇子，你该怎么数才可以得到那颗真钻石呢？

答案：

这里有一个规律：无论从哪一颗钻石开始数起，每次拿走第 17 颗，依次类推，最后剩下来的，必然是最初数的第 3 颗钻石。

第 82 页答案。

10 唤醒老虎的豹子

在秘鲁的国家森林公园，生活着一只世界上濒临灭绝的美洲虎。

秘鲁人为了保护这只虎，精心为它设计和建造了豪华的虎房，好让它自由自在地生活。这只美洲虎生活在这里简直犹如天堂一般：林木茂密，绿草芳菲，沟壑纵横，流水潺潺，并有成群的由人工饲养的牛、鹿、兔等动物供这只老虎尽情享用。

大家不约而同地认为，如此美妙的环境，这只美洲虎一定会越发地雄姿勃发。然而，出人意料的事发生了，这只美洲虎只是天天耷拉着脑袋，睡了吃，吃了睡，一副无精打采的“熊样”。于是，政府又通过外交途径，从哥伦比亚租来一只母虎与它做伴，结果这只美洲虎还是依然如故。

一天，一位动物学家来公园参观，看到美洲虎那副懒洋洋的样子，便对管理员

说，老虎是森林之王，在它所生活的环境中，不能只放上一群整天只知道吃草却不懂得猎杀的动物，要放一些食肉动物与它共存，否则美洲虎是无论如何也提不起精神来的。管理员听了动物学家的话，不久便引进了几只美洲豹投放虎园。这一做法果然奏效，自从美洲豹进园那天起，这只美洲虎再也躺不住了。它每天不是站在高高的山顶愤怒地咆哮，就是如飓风般俯冲下山冈，老虎那刚烈威猛、霸气十足的本性被重新唤醒。它又成了一只真正的老虎，成了这片广阔的虎园里真正意义上的森林之王。

原因何在呢？很简单，因为一种动物如果没有了对手，就会变得死气沉沉。同理，一个人如果没有了对手，就会甘于平庸，养成惰性，最终导致碌碌无为。有了对手，才会有危机感，才会有竞争力；有了对手，才知道自己所面临的挑战和压力；有了对手，才有了超越自我的一切力量和勇气。

小朋友们，想要自己更加强大，就要为自己找一个有力的对手激励自己哦！

飞来的超车罚款

小轿车开始进入寻常人家了，只要你努力，想必你也会拥有一辆。不过你要遵纪守法，别那间驾驶，路上的交警现在已经够忙了，你再添乱，他们很可能特别“关照”你，让你晚上睡不着觉。暂时别扯这些了，还是轻松一下，做一道题吧！一个小问题：假如你和你的朋友分别开着新买的小车从 A 地到 B 地去，你俩走的是同一条路，你的朋友在前面，你在后面，你的车从未超过你的朋友，你的朋友也没有超车，可你却接到超车的罚款。这样想不通的事可能吗？

答案：见 181 页。

AQ加油站

糊涂的答案

一位驼背的老年人和一位跛脚的年轻人路过一个陌生的村庄，对面走来一位中年人。好奇的中年人问年轻人："那位驼背的老年人是不是你父亲？"年轻人肯定地回答："是的。"中年人又到前面去问老年人："后面那位跛脚的是不是你儿子？"老年人否定地回答："不是。"中年人有点儿被弄糊涂了，又一次问年轻人："那位驼背的老年人是不是你的亲生父亲？"年轻人仍然肯定地回答："是的。"中年人又一次到前面去问老年人："那位破脚的年轻人是不是你的亲生儿子？"老年人同样否定地回答："不是。"

但事实上老年人和年轻人说的都是真话。想一想老年人和年轻人到底是什么关系？

答案：

老年人和年轻人是父女关系。之所以很多人对此题久思而未得其解，那是因为他们陷入了逻辑思维障碍陷阱，错误地接受了题目的心理暗示，认为那个年轻人是男性。其实题目中没有任何条件规定年轻人必须是男性。

第179页答案

当然有可能了！比如，你的车在中途抛锚了，停了一段时间，车修好后，为了赶上你的朋友，当然就超车了。这时，你的车没有超越你朋友的车，不过交警还是一样会注意的！这样错误，以后可别犯！

图书在版编目（CIP）数据

优秀小学生逆商大提升 / 学习型中国・读书工程教研中心主编 . -- 南京：江苏凤凰科学技术出版社，2016.8（2020.7 重印）

（小学生爱读本）

ISBN 978-7-5537-5420-8

Ⅰ . ①优… Ⅱ . ①学… Ⅲ . ①挫折教育 – 少儿读物 Ⅳ . ① G44-49

中国版本图书馆 CIP 数据核字 (2015) 第 227715 号

优秀小学生逆商大提升

主　　编	学习型中国・读书工程教研中心
责任编辑	葛　昀
责任监制	方　晨
出版发行	江苏凤凰科学技术出版社
出版社地址	南京市湖南路 1 号 A 楼，邮编：210009
出版社网址	http://www.pspress.cn
印　　刷	文畅阁印刷有限公司
开　　本	718mm × 1000mm　1/16
印　　张	11.5
字　　数	135 000
版　　次	2016年8月第1版
印　　次	2020年7月第2次印刷
标准书号	ISBN 978-7-5537-5420-8
定　　价	24.80元